「地球温暖化」狂騒曲

社会を壊す空騒ぎ

渡辺正 著

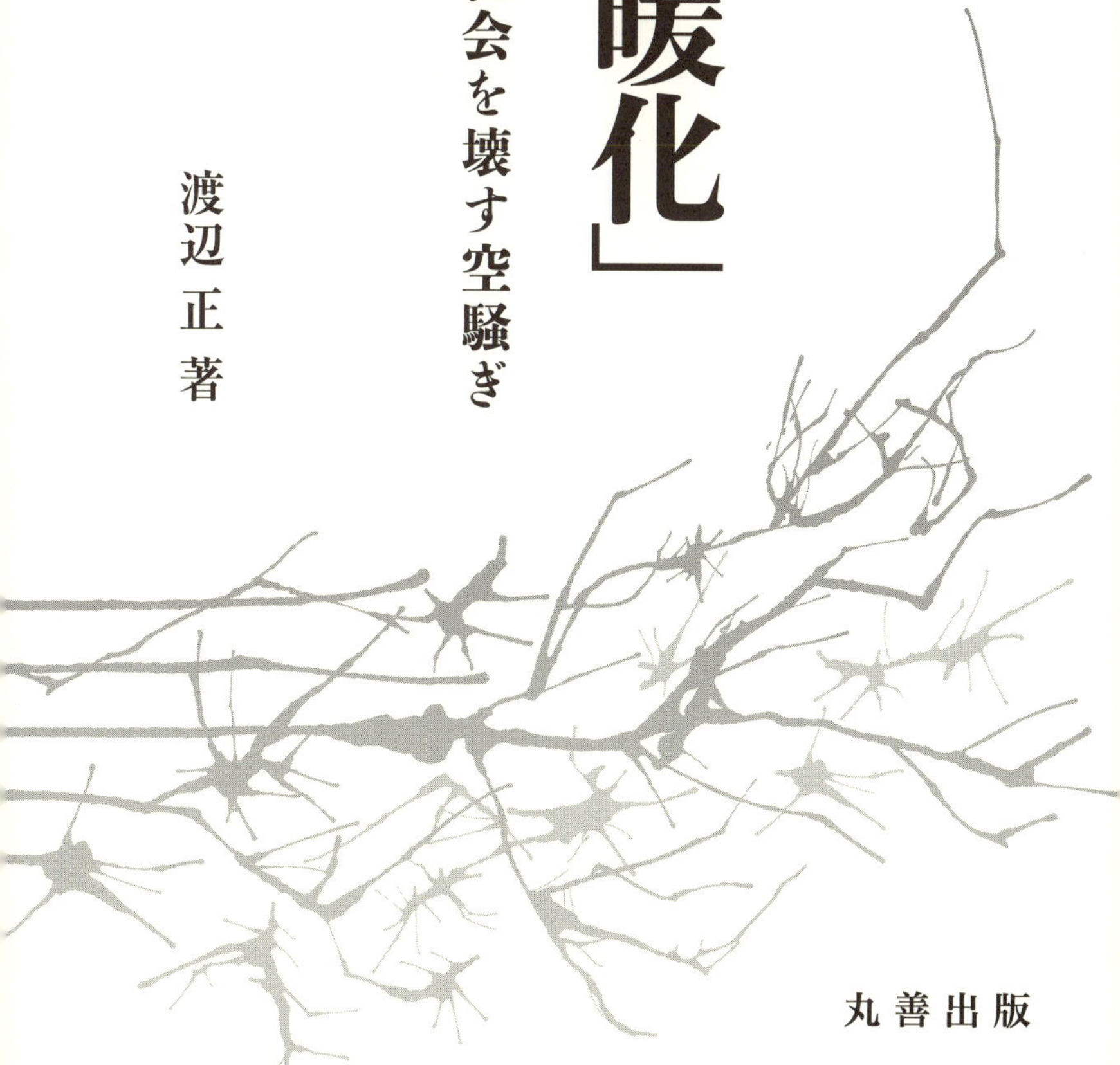

丸善出版

まえがき

大衆を操るものが国を操る。ネットに流されているのが嘘偽りであろうと、短期間なら民衆を欺くことは可能だ。

安生 正『ゼロの激震』

結局、この事案の責任者は誰なんだ?

雫井脩介『犯人に告ぐ』

新聞やテレビなどメディアの報道は、国民の心を強く揺さぶります。たとえば、二〇一七年九月五日の朝日新聞「エコ」欄に載ったこんな記事——

地球温暖化の影響で、インドでは過去三〇年間で約六万人もの農家が自殺に追い込まれたとする論文を、米カリフォルニア大学バークリー校の研究者が米国科学アカデミー紀要に発表した。高温や干ばつによる農作物被害が増えたためで、……

「えっ、そうなのか！」と驚いた読者より、「やっぱりそうか」とうなずいた読者のほうが多いと想像します。なにしろ、メディア経由で耳慣れた「温暖化ホラー話」の一つですから。けれど冒頭の部分を見ただけで、私には二つ疑問が浮かびました。

まず、「三〇年間で六万人」はすごいのか？ 人口が一三億を超すインドでは、就業者人口（約八億）のほぼ半数つまり約四億人が農家だといわれます。六万人を単純に三〇で割った年平均値の二〇〇〇人は、いくら不作を苦にした自殺に限るとしても、二〇万人のうち一人です。かたや日本の農家は、二〇一六年に二〇〇万人を切りました。インドと同じ比率なら、不作を苦にして自殺する農家は年に一〇人もいないことになりますね。現実の自殺者はずっと多いはずだから、インドの「三〇年間で六万人」は、信じがたいほど低い自殺率でしょう。

もっと大きな疑問がありました。朝日新聞記事のつい三週間前にインドの主力英字紙『タイムズ』が、「二〇一六～一七年は穀類の記録的な豊作になる」と報じていたのです。それなら「農作物被害が増えた」はどうなのかと思い、過去三〇年に及ぶインドの関連情報も当たったところ、次のことがわかりました（Bの証拠は1章の図1・4）。

A　気温は（正確な上昇幅はともかく）上がりつづけている。

B　穀類の収量は、人口の伸び（約七億 ➝ 一三億）をそうとう上回るペースで増えつづけている。

C　農家の自殺者数は、前半の一五年間は増えていたものの、後半の一五年間は明確な減少傾向にある（二〇〇二→二〇一五年で約三〇％の減）。

今世紀に入ったあと年ごとに記録を塗り替える勢いで穀類の収量が増え、一方で農家の自殺者は減少中——そんな国の姿は、どう考えても記事のトーンと合いません。

そこで原論文（理系にしては珍しく、若い大学院生が単名で書いたもの）も読んでみました。なんとも不思議なのは、前記Cの自殺が「三〇年間ずっと増えつづけている」とみて着想した研究のように見えるところです。気温の変化と作物収量・自殺率との関係は行政区ごとにバラバラなのですが、そんなデータ点群のただ中に、小心者の私なら引く勇気が出ない直線を引き、「経営難による自殺者が三〇年間で約六万人」と断じていました。また、自殺の動機としている「経営難」も、著者の憶測にすぎません。

著者も結論のあやうさは自覚していたらしく、「机上の計算」「確信はない」「ほかの要因もありうる」などと書き、対照実験（「温暖化しないインド」の調査）がありえない研究だということも本文中に明記しています。それでも、米国科学アカデミー紀要という超一流学術誌に掲載されるうえで欠かせない強いメッセージとして「三〇年間で六万人」を選び、そこに目をとめた審査担当者が論文を通したのでしょう。「温暖化論文」の実体を思えば、とりたてて不思議なことではありません（6章）。

そんな内容の論文も、本文中の「ためらい」に目をつぶって結論だけを短い記事にすると、わかりやすいホラー話ができ上がるわけです。数百万読者に向けた記事にするなら、もう少し慎重に背景を当たるのがよかったでしょう。

国内メディアの温暖化報道では、なぜか朝日新聞が先頭を走ってきました。「温暖化の脅威」を紹介する記事の数は、他紙を大きく引き離しています。やや旧聞に属しますが、暮れ近くに「パリ協定」が結ばれることとなる二〇一五年の四月には、「教えて！　温暖化対策」と題する八回の連載を組んでいました（4章）。「恐ろしい未来が待っている」「日本も対策を急げ」「省エネはCO_2の排出を減らして温暖化対策になる」など、根拠のあやしい話が目白押しですけれど、うなずく読者も多かったのではないでしょうか。

朝日新聞と並ぶ大発信源がＮＨＫです。二〇一六年九月に放映された「メガ・クライシス」という特番では、東京大学大気海洋研究所の木本昌秀教授をゲストに、「地球温暖化が招く未来の危機」をあおっていました。ネットには「事実を知って驚いた」との声があふれています（なお二〇一七年九月にも第2集「温暖化による異常気象」を放映）。

二〇一七年の八月下旬には朝のニュースで同じ木本教授が、「今夏の東日本を見舞った低温も日照不足も、地球温暖化が原因」と、老化のせいで聞き間違えたかと思えるほどの発言をしていました。ちょっとした大雨のニュースでも、近海でとれる魚の種類が一時的に変わったという話でも、たいてい「地球温暖化」というキーワードが聞こえます。

二〇一七年一〇月九日夜の首都圏ニュースでは、区役所に宅配ロッカーを設けた世田谷区を取り上げた際、「区民の便宜を考えて、またCO_2削減のためにも企画しました」という担当課長の発言を流しています。

要するに朝日新聞もＮＨＫも、次のようなことを国民に伝えたいのでしょう。

① 近ごろ地球温暖化が恐ろしい勢いで進行している。
② 温暖化は人類の未来を脅かす。
③ 温暖化を抑えるため、省エネなどCO_2排出削減に努めよう。

そんな意識が国民にすっかり浸透しました。ほとんど洗脳といえそうな状況です。いろいろな分野のリーダーたちが、口を開くたび地球温暖化に言及されますね。好きな作家の小説に次のようなくだりを見つけたときは、「よせばいいのに……」とつぶやいてしまいます。

人間の記憶というのは往々にして美化されるものだが、子供の頃、東京の夏はもっとすがすがしく気持ちのいいものだった気がする。同じ暑さでも、暑さの性質が違った。温暖化は確実に進行して、東京の夏はその分、暑さを増している。しかも、それはただの暑さではなく、化学反応でも起こしたような酷い暑さだ。（池井戸 潤『ようこそ、わが家へ』）

二〇一六年度からの『中学校理科』教科書には、文科省が学習指導要領に「地球温暖化を扱うこと」と明記した結果、前記の①～③があれこれ書き連ねてあります。

学界も例外ではなく、「CO_2の排出削減は緊急課題」「化石資源の使用に伴う環境破壊」「低炭素社会の実現による地球温暖化防止」といったフレーズを論文や研究助成申請書の序文に散りばめる人が増えました（自分の頭で考えようとしない人でしょうから、そんなフレーズを含む申請書に出合ったら評点をうんと低くしますが）。

けれど地球温暖化は、大騒ぎするような話なのでしょうか？

まず、あわてふためく話だとは思えません。いずれ詳しく紹介するＩＰＣＣ（気候変動に関する政府間パネル）の報告書によると、過去一〇〇年間で地球の気温は一℃ほど上がったといわれます（ＩＰＣＣのフルスペルは巻末「略語表」参照）。その半分（たぶん半分以上）は、数百年前からつづいてきた自然変動とか、二〇世紀後半から進んだ都市化のせいに思えるため、人間活動から出るCO_2の効果はせいぜい〇・五℃でしょうし、〇・二～〇・三℃や〇・一℃くらいとみる研究者もいます（2章）。

地球温暖化が話題になり始めた一九八八年から、まだ三〇年しか経っていません（少し前の一九六〇～七〇年代は「地球寒冷化」「氷河期接近」がホットな話題)。自然変動も合わせた気温上昇を一〇〇年で最大一℃とみれば、その三〇年間に上がった気温は、人体がまず感知しないばかりか、ふつうの温度計では読み取りにくい〇・三℃未満にすぎません。

わずか〇・三℃の上昇が「異常気象の増加」や「氷河の融解」を急速に進めてきた……というのは、どうみても思い過ごしでしょう。実際、三〇年間に異常気象が増えたとか、海面の上昇が加速したとか、南極の氷が解けた気配はほとんどないのです(3章)。

また、温暖化に警告を発する論文や本の中身は、十年一日どころか、三倍にあたる三〇年間にもほとんど変わっていません。いやむしろ、論文や本の著者が織り上げる暗い未来と現実世界のギャップは、ますます開いてきたように感じます。

むろん今後「悪いこと」が起こる恐れはあるものの、なにしろ進みはたいへん遅いため、何か気配がくっきり見えたら腰を上げ、あわてずに適応策を考えればいいのです。人間活動が主因ではなさそうな海面の上昇など、年にせいぜい二～三ミリメートルなので(3章)、必要なら護岸工事をゆっくり進めればよろしい。

過去ゆるやかに変わってきて、今後もゆるやかに変わる地球環境を気象や気候の研究者が論じ合うだけなら、実害は何もありません。私たち部外者のほうも、ときおり聞こえてくる研究の成果を楽しませていただきます。まっとうな研究者なら、大気に増えるCO_2とじわじわ上がる気温のプラス面(1章)も、きっと教えてくれるでしょう。

けれど一九八八年、国連のもとにあるＩＰＣＣという集団が温暖化を「人類の緊急課題」にしてしまいました。各国の官公庁と主力メディアがたぶん国連の権威に屈した結果、問題視するまでもないこと（英語の non-problem）に巨費が投入されつづけることとなったのです。

その巨費が生む「おいしい話」に政・官・財・学界がどっと群がり、日ごろは政府を攻撃したがる一部メディアも声をそろえて、カルト宗教めいた状況になったのが、地球温暖化騒ぎの素顔だと思えます（4章〜6章）。

日本が「温暖化対策」と称して一年間に使うお金をみても、二〇〇六〜一一年に約三兆円ずつだったところ、民主党政権が二〇一二年に導入した「再生可能エネルギー補助金」のせいで、二〇一七年は約五兆円（単純平均で一日あたり約一四〇億円！）にふくらみました。四人家族のお宅なら月々、電気代よりやや多い一万三〇〇〇円を、そうとは知らず「温暖化対策」に献上しているのです。庶民には途方もない実害だといえましょう。

ちなみに五兆円は、二〇一八年度の国家予算に計上された防衛費とほぼ同額です。

しかもその巨費がCO_2の排出量を減らした気配はありません。つまり、東京五輪の総予算をかるく超す五兆円ものお金が年ごとに使われつづけ、何一つ温暖化対策に役立っていないのです（4章・5章）。要するに温暖化対策は、亡国の挙としかいいようがありません。

二〇一七年の一〇月二二日には産経新聞が、次のような趣旨の記事二本を、隣り合わせで経済面に載せていました。

① 運転時にCO_2を出さない燃料電池車を究極のエコカーと位置付けるトヨタ自動車は……燃料電池車の六人乗り高級車とバスの試作車を展示……（五日後に迫った東京モーターショーの紹介）

② 政府の観光ビジョンでは二〇二〇年までに訪日客数四千万人、訪日客の旅行消費額八兆円の目標を掲げる（観光庁が準備中だという「有識者会議」の紹介）

①はCO_2の排出削減を称える話（CO_2を出さないのがなぜ「エコ」や「環境性能」なのか、私にはさっぱりわからないのですが）、②はバスなどを大量に動員してCO_2排出を増やす話ですから、ベクトルがぴったり逆を向いています。要するにどの新聞も、時流に合わせて温暖化を心配するフリをしながら、ホンネでは両記事に共通の経済活性化を称えているのでしょう（4章～6章）。この記事二本も冒頭の記事も、あるいは先ほど書いたNHKの「宅配ロッカー」報道も、「木を見て森を見ず」（4章）のお手本に思えてなりません。

英語圏では、C（catastrophic＝破局的）、A（anthropogenic＝人為《じんい》起源）、G（global＝地球）、W（warming＝温暖化）をつなげた略号CAGWで、「大きな災いをもたらす人為的CO_2温暖化」を表現します。CをつけないAGWならほんの少しずつ進行中で、その総合的な影響はプラスとみる人が（私も含め）少なくありません。けれど政府見解や新聞・テレビの報道は「Cつきの温暖化論」に染まっています。それが大きな間違いだということを、本書でじっくりご説明しましょう。

元三菱ガス化学の有井光三氏と豊田拓男氏、元カネカの原田 浩氏、元トクヤマの水野義一氏、元電源開発の野口嘉一氏ほかには、旧著『「地球温暖化」神話』を出したころから折に触れて温暖化談義におつき合いいただき、激励のほか数々のヒントも頂戴しました。

末筆ながら、本書の刊行をすすめてくださり、多大なご尽力をいただいた丸善出版の中村俊司氏と小野栄美子さんに心よりお礼申し上げます。

二〇一八年　初夏

渡　辺　　正

目次

序章　東京都「ＬＥＤ電球」の茶番劇

想像力は駆使していただきたいけれど、空想に走らないでくださいね。私たちはそこで脱線してしまうことがありますから。

有栖川有栖『鍵の掛かった男』

　歴史が四〇年もない温暖化問題は、底がまだまだ浅すぎる。しかし当初から大金が飛び交い、それに群がる人々のつむぐ怖い話をメディアが広めるせいもあって、きめ細かな点検がないまま時が過ぎてきた。だから風説や虚構の域を出ない話も多い。名高い風説の一つが「省エネはCO_2の排出を減らして環境を守る」だろう（一〇七ページ参照）。

　二〇一七年初夏の東京都で、その風説にからむ出来事があった。本書の全体に関係する話だから、一件の解剖を短い序章にしたい。小池百合子知事は五月二六日、「家庭における省エネムーブメント促進事業」の一環と称し、次のような内容の記者発表をした（それにしてもなぜ「ムーブメント」などという気色悪いカタカナ語を使うのだろう？）。

七月一〇日から、都が指定する家電販売店（八三一店舗）に二個以上の白熱電球を持参すれば、一個のＬＥＤ（発光ダイオード）電球と無料で交換する。交換期間は二〇一八年七月九日までの一年間、交換は一家庭あたり一回とし（身分証明書の提示が必要）、ＬＥＤ電球は一〇〇万個を用意した。六〇ワットの白熱電球一〇〇万個がＬＥＤ電球に変わった場合、都民は計二三億四〇〇〇万円の電気料金を節約できるうえ、年間のＣＯ２（二酸化炭素）排出量を四・四万トン減らせることになる。

都はあらかじめ広報用のビデオ（https://www.youtube.com/watch?v=bdl_sSMeGE）までつくり、記者発表の前日に配信していた。小池知事と某芸能人のかけ合いで進むその一分間ビデオは、白熱電球からＬＥＤ電球への切り替えが「省エネになるうえ環境にやさしい」とほのめかすもので、視聴数は三週間のうちに二〇万回を超えた（以後はほとんど増えていない）。

当日の夜と翌五月二七日に、ＮＨＫをはじめとするテレビ各社も大半の新聞も、東京都の発表をそのまま報じている。気づいたかぎりでＮＨＫは、ぴったり一か月後の六月二七日にもまったく同じ話を早朝のニュースに組み込んだ。

事業開始日の七月一〇日には小池知事が某芸能人を同席させて派手な会見を開き、その模様をまたも同日と翌日、テレビと新聞各社が大きく報じた。ちなみに毎日新聞は七月の中旬と下旬の二度、自分で店頭に行けず電球の付け替えもできない障害者が「恩恵に与れない」ことに配慮せよ——という趣旨の記事を載せている。

どの報道も、「都民の家計を助け、CO_2排出量が減って温暖化防止にもなる」のだと、東京都の企画を称える論調だった。まったく関心のない一都民としては、一八億円（四人家族なら五五〇円を献上）といわれる事業費が不満なのだが、それよりなにより「電気代が浮き、しかもCO_2の排出量が減る」という宣伝文句に引っかかる。電気代が浮くのを疑う余地はないけれど、連動してCO_2排出量が減るのだろうか？

数字の根元

部外者には、まず「一二三億円、四・四万トン」の根拠が気になった。関連情報も使い電卓を叩いてみると、数字そのものに疑問はないとわかる。そのあらましを書いておこう。

白熱電球の場合、消費電力のほぼ九五％は熱になり、残る五％が光に変わる。六〇ワットの白熱電球なら、光になるのは約三ワット分にすぎない。かたやＬＥＤ電球では、製品ごとに差はあるものの、消費電力の三〇～五〇％が光に変わる。中間の四〇％をとれば、消費電力八ワットのＬＥＤ電球が約三ワット分の光を出す（だから八ワットのＬＥＤ電球を「六〇ワット級」という）。

六〇ワットの白熱電球一個を八ワットのＬＥＤ電球に取り替えると、明るさはほぼ同じまま五二ワット分（約八七％）も節電できる。

その先も計算すれば、一〇〇万個の交換が終わってその分だけ東京電力の発電量が減る場合、一年間に減る消費電力が約九五〇〇万キロワット時で電気代が二〇億円台、CO_2排出削減量は四万トン台となり、東京都の発表におよそ合う（こまかい計算は省略）。

小池知事は数か月後の一〇月一日、「朝日地球会議2017」の講演でもLED事業を披露した。翌日の朝日新聞ウェブ版が、「年間で約九千万キロワット、CO_2にして約四・四万トンの削減」という知事発言を紹介している。つまり私の推算（九五〇〇万キロワット時）も、数値部分だけは知事発言に近い（なお記事中の「キロワット」は、とんでもない誤り。「ワット」が速さなら「ワット時」は動いた距離にあたるため、高校のテストで混同すれば0点になる。知事発言が「キロワット」だったとしても、記事中では「キロワット時」に直してあげるのがメディアの務めではないのか？）。

ともあれ東京都のLED電球事業は、都民に節電分の二三億円を恵み、LED電球のメーカーに一〇億円規模の商売をさせ、四・四万トンのCO_2排出削減にもなる一石三鳥の妙手……かと思えてしまう。しかし一歩だけ先を想像すれば、「四・四万トンの削減」は幻だとわかる。なぜか？

節電の一歩だけ先

まず「四・四万トン」は、「家庭の節電分を発電所が完璧に感知し、ちょうど同じ量だけ出力を減らす（ボイラーで燃える石炭や天然ガスの量が減る）」を前提にしている。感知に見逃しがあればCO$_2$削減量は四・四万トンより少ないし、まったく感知できないならCO$_2$の排出は減りようがない（つまり、節電が「省エネ」につながらない）。その点はどうなのだろう？

資源エネルギー庁の統計によれば、いま東京都は年に約九〇〇億キロワット時の電力を使う。それなら先ほどの節電分は、総消費電力の約〇・一％（一〇〇〇分の一）にあたる。

電力業界が長い知人によると、変動幅が一％を超せば出力調整は楽にできても、〇・一％なら「ほかの変動に埋もれるレベルなので、正確な出力調整はむずかしい」という。すると実際の排出削減量は、節電分とぴったり等しい出力調整を（おそらく）仮定して出した東京都の「四・四万トン」より少ないだろう。

都の期待どおり発電所でCO$_2$排出が四・四万トン減るとみてもよいが、話はまだ終わらない。浮いた電気代の二三億円はどうなるのか？　タンス預金に回す人は別にして、庶民は節電の戦果で何かを買う（預金したお金も経済活動に回る）。買う品物もサービスも、企業などがエネルギーを使ってつくるため、そのとき根元では必ずCO$_2$が出る。

二三億円分の人間活動から出るCO$_2$は、品物やサービスの種類で変わる。わかりやすいのは、浮いた電気代でガソリンを買う場合だろう。ガソリン一リットルの値段を一二〇円（二〇一七年の最安値）としよう。一キログラムのガソリンは、燃えて三キログラム以上のCO$_2$になる。ガソリン一リットルの重さ（〇・七五キログラム）を使う計算でわかるとおり、二三億円分のガソリンは四・五万トンのCO_2になって大気に出る。

つまり「四・四万トンのCO_2排出削減」は机上の空論にすぎず、ガソリンを買う場合だと、よくて差し引きほぼゼロになる。さらに、発電所が「〇・一%分の出力調整」をきちんとできなければ、かえって国のCO_2排出量を増やすことになる。

要するに都のLED電球交換事業は、家計や企業会計を少し助けるだけに終わり、国のCO_2排出量を減らす力はほとんどない（むろん「環境」との関係も何ひとつない）。

わかる人、わからない人

二〇一七年七月の某日、以上のことを数十名の高校生に語る機会があって、ゆっくり説明したら全員がうなずいてくれた。たまたま理系志望の生徒たちだったけれど、「LED電球」のあやしさは中学生でも（小学生さえ）見抜くのではないか?

東京都のLED電球事業は、マスコミ経由で国民へと伝わるまでに、都庁で会合を重ねた関係者、ビデオ制作や記者発表を仕切った広告代理店の方々、メディアの記者やデスク氏など、おびただしい人たちの脳内を通っただろう。その誰ひとり、「二三億円がする仕事」に思い至らなかったのだろうか?　節電分（〇・一%）を発電所が完璧に感知し、出力がそのとおりに調整され、ボイラーの出すCO_2が減るだけだと思ったのか?　なんとも不思議で仕方ない。

　なお、事業開始から一〇か月以上も経た二〇一八年五月一三日の時点で、交換されたLED電球は二五万四〇〇〇個だという。小池都知事は交換締切日の七月九日に、余った電球をどうするつもりなのか？　また、都の事業を絶賛していたメディア各社は、どんな報道をするのだろう？

1章　二酸化炭素——命の気体

「世の中の人は、自分らを毛嫌いしているんですよ。そんなのと付き合ってると、あんたも、嫌われますよ」「私、平気よ。悪い人とそうでない人の区別くらい、つくつもりよ」「自分らは、悪い人です」「そうじゃないと、私は思ってるの」

今野　敏『任侠病院』

大気中の二酸化炭素（CO_2）は、地球が宇宙空間に捨てるはずだった赤外線を吸収し、熱の一部を地球表面へと戻す。だからCO_2が増えていけば、地球の気温が上がって悪いことがいろいろ起こる——というのが、「地球温暖化問題」だった。そこでまず、CO_2という物質がする仕事を調べておこう。

大気のCO_2濃度を正しく測れるようになったのは、それほど新しいことではない。約六〇年前の国際地球観測年（一九五七・五八年）をきっかけに、米国の海洋大気庁（NOAA）がハワイ島マウナロア山の海抜三四〇〇メートル地点にマウナロア観測所を設置した。カリフォルニア大学サ

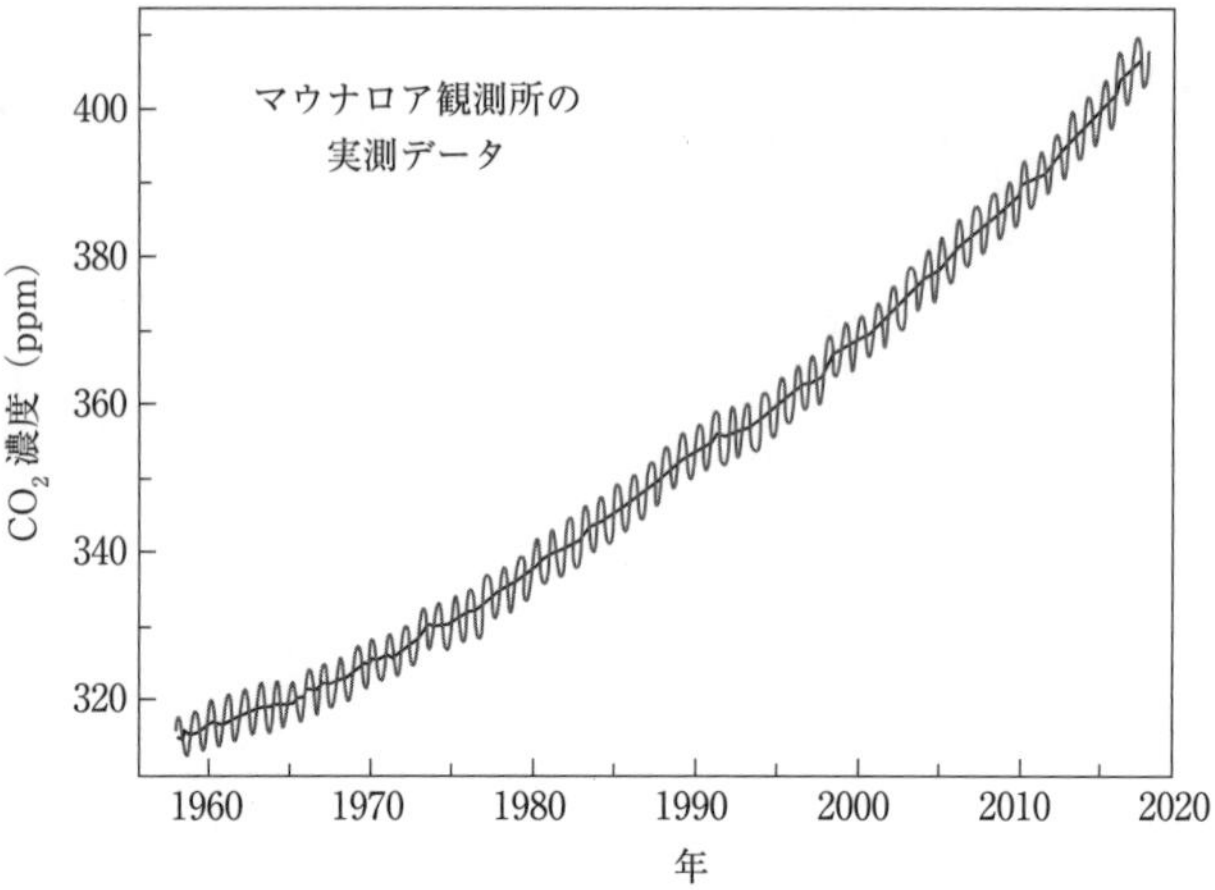

図 1.1　大気中 CO_2 濃度の推移：1958 年〜2018 年 2 月

［https://www.esrl.noaa.gov/gmd/ccgg/trends/full.html］

ンディエゴ校のスクリプス研究所がCO_2測定を担当し、結果はNOAAとスクリプス研究所が連名で発表する。

　CO_2濃度が示す季節変動をくっきりと確かめた初代の担当責任者チャールズ・キーリング博士の名から、CO_2濃度と時間の関係を「キーリング曲線」とよぶ。マウナロアで得られたキーリング曲線を図1・1に描いた。

　やがてスクリプス研究所は太平洋の島々と北極圏、南極点など一一か所に測定網を広げ、各国の気象機関も測定を始めた（日本の測定点は南鳥島、与那国島、岩手県綾《りょう》里《り》の三か所）。世界気象機関がとりまとめた世界一二三地点の平均値を気象庁がホームページに公開し、毎年一一月ごろに更新する。そのグラフ（省略）も図1・1とそっくりだから、少なくともここ六〇年、大気中のCO_2が快調に増えてきたのを疑う余地はまったくない。

キーリング曲線が一年周期の上下動を示す理由を見ておこう。ハワイ島は北半球にあり、春先から秋は植物が光合成（次項）にCO_2をどんどん吸収するため、大気中の濃度が減っていく。晩秋から冬は光合成の勢いが衰え、生物の死骸が分解して出るCO_2のほうが多いので、大気にCO_2が増えていく。むろん南半球は逆のパターンになる。

本題に戻ろう。確かな測定値がない一九五七年以前のCO_2濃度は、南極の氷などの分析結果をもとに、「一八〇〇年ごろまでは二六〇～二八〇ppmの範囲だった」といわれる（2章の図2・10）。二〇一五年ごろに四〇〇ppm（〇・〇四％）を超したため（最新値は四〇七ppm）、二〇〇年間でCO_2は一二〇ppm以上（率で四五％）も増えた。さらに古い時代の推定値も合わせるとCO_2濃度は、過去四二万年のうち現在が最高で（図2・15）、しかもなお増えつづけている。

そのCO_2は何をしてきたのか？　あやふやなコンピュータ予想でしかない未来はさておき（3章）、少なくとも一八世紀から現在までは、人類と生物圏に大きな恵みをくれた。そのことを本章でじっくり紹介したい。

なお、温暖化関係のテレビ番組やニュースでは、汚い煙を吐く発電所や工場の煙突とか、白っぽい排ガスを出すクルマの後尾をよく予告ふうに流す。メディアは「CO_2＝悪」のイメージを伝えたいのだろうが、見るたびに笑ってしまう。小学生でも知っているとおり、CO_2は目に見えない気体なのだから。CO_2がもつ性質のうち、本書の話にからむものを表1・1にまとめた。

表 1.1　二酸化炭素 CO_2 の性質

ppm（parts per million）：体積の百万分率

分子量	44
大気中の濃度	280 ppm ＝ 0.028%（1800 年ごろ）
	407 ppm ＝ 0.0407%（2018 年）
呼気中の濃度	30000 ～ 50000 ppm（3 ～ 5%）
ハウス栽培で使う濃度	1000 ～ 1500 ppm
作業環境の基準値＊1	8000 ppm
大気中の総量	約 3 兆トン
光合成による固定量＊2	約 4000 億トン / 年
大気－海洋の交換量＊3	約 80 億トン / 年

＊1　3 か月航海の潜水艦内（米国）。
＊2　生物体の腐敗による放出量とほぼつり合う。
＊3　光合成・腐敗を除く部分。

生命を生み育んだ CO_2

太陽エネルギーを使って CO_2 から有機物をつくる光合成生物は、三五億年ほど前に生まれたという。光合成のしくみは、地球環境を一新する最後の大発明だった。以後あらゆる生物が、CO_2 のおかげで進化と繁栄をつづけてきた。

植物に寄生するヒト　食卓の上を思い浮かべよう。ご飯やパンのような穀類のほか、野菜や果物も光合成の直接産物だ。豚肉や牛肉は、植物の成分（光合成産物）を食べて育った動物の組織にほかならない。大魚は小魚や動物プランクトンを食べるが、小魚は（貝類も）海藻や植物プランクトンを食べて育つから、水中でもほんとうの生産者は植物しかいない。酒やジュースも植物の成分からつくる。つまり食卓に乗るもののうち、光合成

（CO_2）と縁がないのはほぼ水と食塩しかない。

ヒトを含めた動物は、生存に必要な物質の一部しか自分でつくれないため、植物が自分用につくった物質とか、植物を食べて育った動物の組織から物質を奪って生きる。いわば植物に寄生する存在だといえよう。

さらにいえば、そんなヒトがつくる高層ビルや街路も、クルマが走る現代社会も、植物のおかげで生まれた。根元をたどればCO_2のおかげだといえる。体重の約二三％を占め、六〇キログラムの人なら約一四キログラムにのぼる体内の炭素Cも、もとは大気中のCO_2だった。

いまの暮らしと産業に欠かせない化石資源（石炭、石油、天然ガス）も、二～三億年前の地球に栄えた植物が、大気中の濃いCO_2を光合成活動で固定してくれた直接・間接の産物だとわかる。そんなふうに、あらゆる人間活動は植物に支えられている。

植物の光合成活動は、年に四〇〇〇億トン以上のCO_2を大気から吸う。大気中にある総量（三兆トン超。表1・1）の七分の一だから、植物は一〇～二〇年で大気中のCO_2を総入れ替えしている。

苦難の時代

過去およそ五・五億年で大気中のCO_2濃度がどう変わってきたかを、図1・2に描いた。直接の測定値はないため、いろいろな方法で推定するしかない。推定には、葉の化石に残る気《き》

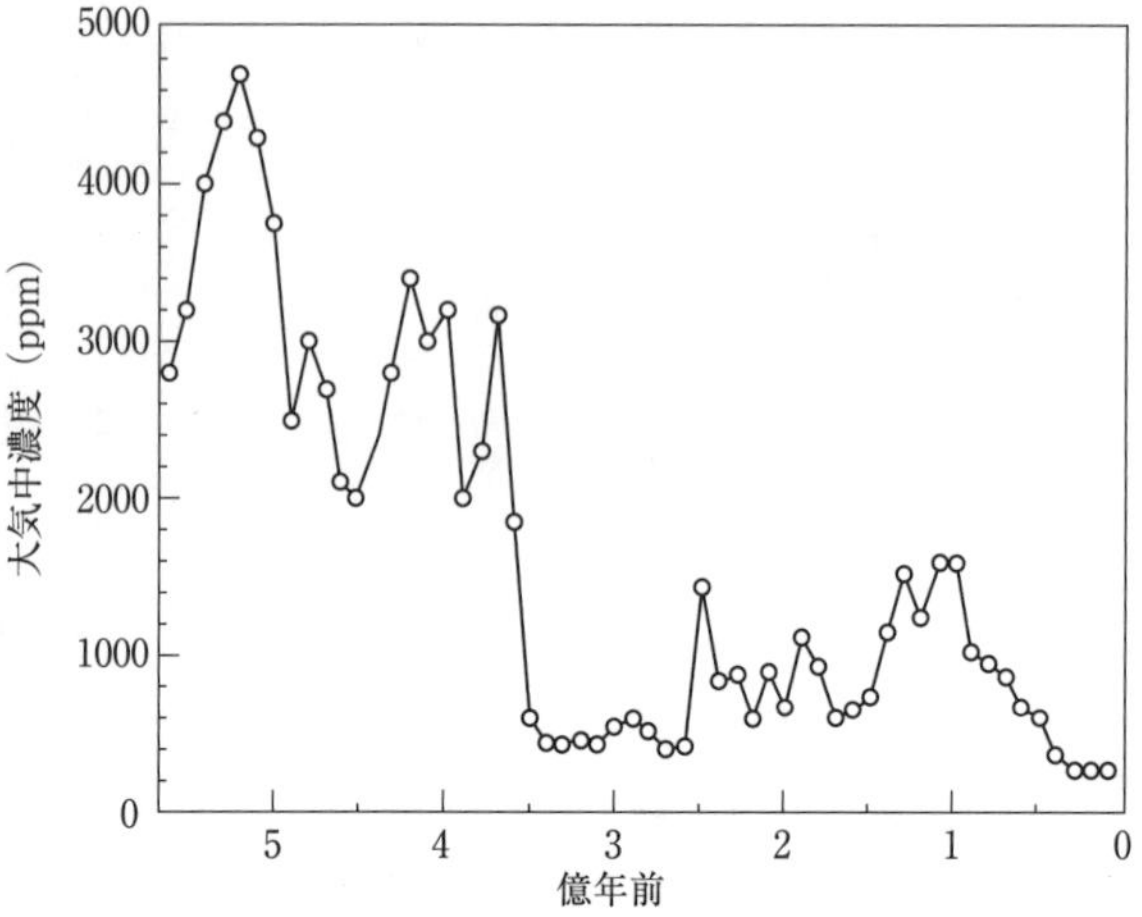

図 1.2　過去 5.5 億年間にわたる大気中 CO_2 濃度の推定値

［P. J. Franks *et al., New Phytol.*, **197**, 1077（2013）］

孔《こう》の観察がよく使われる。葉の裏側に多い気孔は、光合成（ものづくり）原料のCO_2を取り込むほか、体の水分が外へ出ていく「蒸散」の経路にもなる。

　私たちと同じく植物にも水の確保は死活問題だから、気孔はできるだけ開きたくない。大気中のCO_2が濃いほど、CO_2を取り込みやすくなるので、気孔の数や開口部の面積を減らせる。図1・2のデータは、植物化石の気孔を調べた推定値だと思ってよい。むろん推定値にはかなりの誤差があって、たとえば二億年前の約八〇〇ｐｐｍは「五〇〇～二〇〇〇ｐｐｍ」、四億年前の約三〇〇〇ｐｐｍは「一〇〇〇～六〇〇〇ｐｐｍ」の幅をもつけれど、いまの濃度（約四〇〇ｐｐｍ）よりだいぶ高かったのは間違いない。

　なお、数億年来のCO_2濃度を推定できるようになったのは二〇世紀の末なので、出版が二〇〇〇年より前の本に図1・2のようなグラフはまず載っていない。

身近な植物たちは、四～五億年前にたまたま上陸した緑藻《りょくそう》が、いまよりずっと高いCO_2濃度のもとで進化・分化しながら栄えた生物の子孫だといわれる。直近の一億年（図1・2の右端あたり）に注目すると、その期間ずっと植物は、CO_2の減少という「環境悪化」に耐えてきた。だから過去二〇〇年間に及ぶCO_2濃度の上昇は、植物にとって願ってもない恵みだった。植物にとっての恵みは、もちろん生態系と人間社会にとっての恵みにもなる。何がいままでに起き、これから起きそうかを考えてみたい。

CO_2の増加と植物

山陰の零細農家に生まれ育って植物となじんだ私は、大学に残って三五年間ほどつづけることとなる植物（光合成）の研究に手を染めた一九八〇年代、大気のCO_2濃度が増えていると知って心が躍ったのを思い出す。以後もCO_2増加の恵みは調べてきたけれど、世界にはむろん私などよりずっと知識が豊かな人も多い。

たとえば米国のアリゾナ州に、NPO「二酸化炭素・地球規模変動研究所」を運営するアイドソ親子がいる。父シャーウッドと息子キース、クレイグの三名とも農学分野の博士号をもち、CO_2が農業や生態系に及ぼす影響を調べてきた。息子のひとりクレイグが近刊書 “*Climate Change : The Facts 2017*”（次章以降では『二〇一七年の事実集』と表記）の第13章「二酸化炭素と植物の繁栄」を書いている。大いに共鳴できる内容だから、以下ではアイドソ親子の見解に寄りかかりつつ、CO_2の「恵み」を詳しく説明しよう。

生育の促進

草本《そうほん》類を対象に、ハウス内のCO_2濃度を変えながら収量（重量）の変化をみた栽培試験は五〇〇〇例を超す。CO_2濃度を高めるほど枝分れが増え、葉の数と厚みも増し、根がよく張って、花も実も増える（だからハウス栽培では、何かを燃やすかCO_2のボンベを開けてハウス内のCO_2濃度を一〇〇〇～一五〇〇ppmに上げ、増収をはかる）。

CO_2濃度を三〇〇ppmだけ高めて栽培すると、おおよそ三割以上の収量増加があるという。なじみ深い穀物や野菜、果物の例を表1・2にまとめた。なお草本類のほか樹木も、そして水中の植物プランクトンや藻類も、大気にCO_2が濃いほど生育が速い。

こうした研究分野の草分けといわれる米国ミシガン州立大学のシルヴァン・ウィットワーが、一九九七年に次の言葉を残している。

大気のCO_2濃度が上がる時代に生きている私たちは、なんて幸せなのだろう。……タダ

表1.2　CO_2濃度を300 ppm上げたときの収量増加率

作　物	収量増加率	作　物	収量増加率	作　物	収量増加率
小麦	1.35倍	サトウキビ	1.34倍	ブドウ	1.68倍
大麦	1.35倍	ピーナッツ	1.47倍	リンゴ	1.45倍
ライ麦	1.38倍	アブラナ	1.47倍	バナナ	1.45倍
水稲	1.36倍	ココナッツ	1.45倍	オレンジ	1.55倍
トウモロコシ	1.24倍	タマネギ	1.20倍	ナシ	1.45倍
ジャガイモ	1.31倍	トマト	1.36倍	オリーブ	1.35倍
ニンジン	1.78倍	ナス	1.41倍	マンゴー	1.36倍
サツマイモ	1.34倍	レタス	1.42倍	スイカ	1.42倍
ダイズ	1.46倍	カボチャ	1.42倍	コショウ	1.41倍

〔C. D. Idso（J. Marohasy, Ed.）, "*Climate Change: The Facts 2017*", Chap. 13, Connor Court Publ.（2017）〕

で手に入る富といってよく、しかも人類はその富を将来にわたって楽しめる。

水の利用効率向上　先ほど書いたように、CO_2が濃いほど植物は気孔の総面積を減らし、体から出ていく水の量を減らせる（おまけに、オゾンや窒素酸化物、硫黄酸化物など毒性物質を吸収しにくくもなる）。すると植物は乾燥によく耐えるようになって、砂漠化していた場所にも進出できる。荒れ地に進出した植物が根を張れば、土の浸食が進みにくい。過去六〇年間にそんな現象が世界各地で確かめられてきた。

植物が繁った場所の土には有機物が増え、有機物を食べるミミズや細菌が増える結果、土壌の質がよくなって生産性がさらに上がる。

環境ストレス耐性　濃いCO_2のもとで育てた植物は、塩分の多い土や養分が少ない土にも、高温や日照不足にも

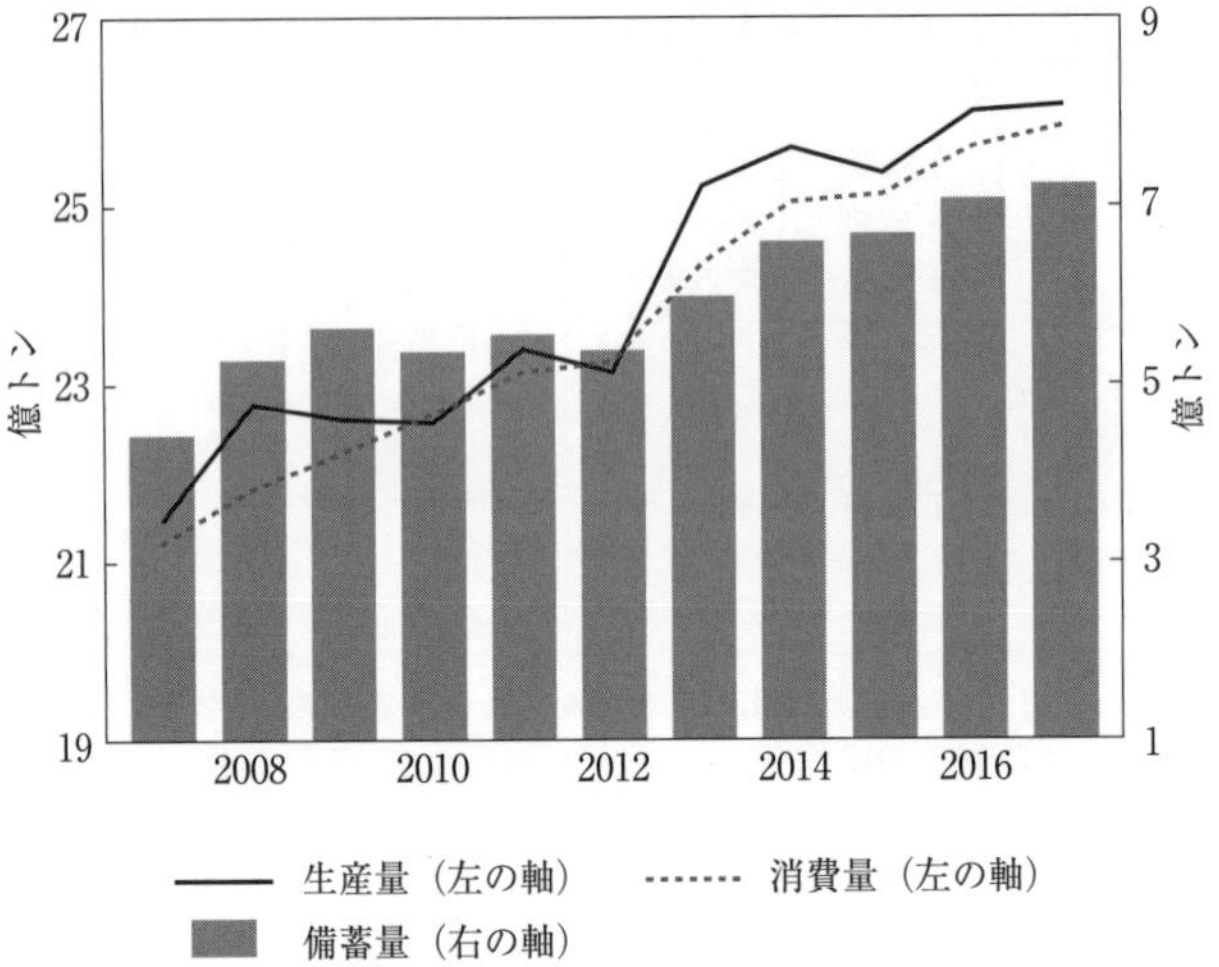

図 1.3　世界の穀物生産・消費・備蓄量：2007〜2017 年

［http://www.fao.org/worldfoodsituation/csdb/en/］

強い。低温や酸化ストレスにもよく耐え、昆虫の食害も受けにくい。CO_2濃度を上げた場合、栽培条件が良好なときより、厳しいときのほうが生育量の増加率が高い。

さらに、CO_2濃度を三〇〇ppmだけ上げた場合の生育量増加は、温度が高いほど大きい。アイドソが調べた四二例の試験結果によれば、低温の一〇℃だと効果もあまりみえないが、三八℃では生育量がほぼ二倍になったという。

地球温暖化が進むと植物の生育地が寒いほう（北半球なら高緯度）に動くというコンピュータ予想はあるけれど、高温で育ちやすくなるなら、植物が「引っ越す」理由はない。CO_2濃度が上がれば気孔の面積が減るため、高温で起きやすい乾燥化にもよく耐える。

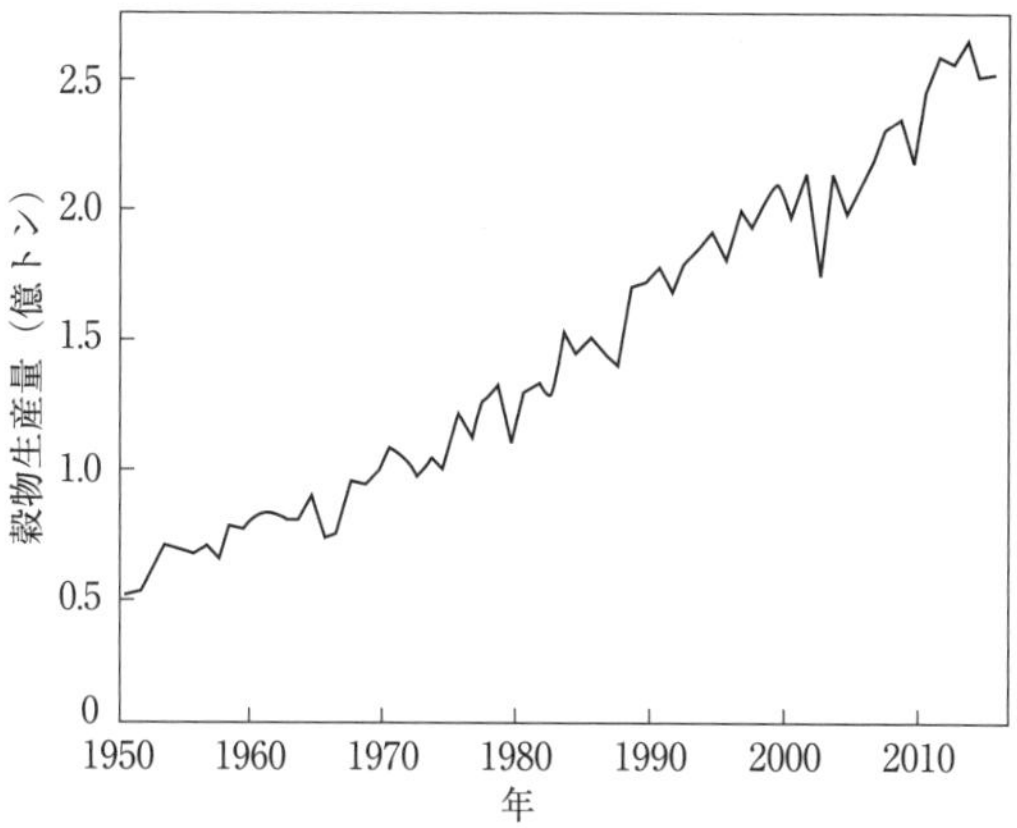

図1.4　インドの穀物生産量：1951～2014年
[http://eands.dacnet.nic.in/PDF/Glance-2016.pdf]

CO_2の増加と農業・植生

農業生産　このところ農産物の収量は全世界で増えつづけている。国連食糧農業機関が二〇一七年一二月に発表した世界の穀物生産量と消費量、備蓄量（二〇〇七～一七年）を図1・3に示す。

また、「まえがき」で触れたインドの穀物生産量は図1・4のように変わってきた。一九五一～二〇一四年の六〇年余りで、総人口が約三・八億から一二・五億へと三・三倍になった一方、穀物生産量は約五倍にも増えている。

増収の要因としては、むろん農耕技術や肥料・農薬の進歩が大きい。けれど表1・2の栽培試験結果を見れば、少しずつ上がる気温と、快調に増えるCO_2も何パーセントかは効いているはず。

同じ作物でも、CO_2濃度の増加や気温上昇への応答は品種ごとに違う。水稲《すいとう》の場合、二〇〇例に近い栽培試験の平均で、CO_2が三〇〇ppmだけ増えると収量が一・三六倍になる（表1・2）。かたや一六品種を調べた二〇〇七年の研究によれば、収量が少し減る品種もある一方で、三・六倍に増える品種もあった。そんなデータを参考に、栽培地に合う品種を選べばよい。

農産物の収量増加は、むろん国家経済にも喜ばしい。クレイグ・アイドソの見積もり（二〇一三年）で、世界の農業生産額のうち「CO_2増加の恵み」分は、一九六一年の二兆円が二〇一一年の一五兆円へと増え、五〇年間の総額は三五〇兆円に上る。また、今後二〇五〇年までに見込める恵みは一〇〇〇兆円を超すだろうという。

農業に及ぼすCO_2の恵みをまとめる形で、先ほども触れたウィットワーが一九九五年の本にこう書いた。

耕地や水、エネルギー、鉱物、養分といった天然資源の枯渇が心配な現在、大気にじわじわ増えるCO_2は、植物を元気にして食糧生産を増やす貴重な天然資源だといえよう。タナボタの恵みだともいってよい。しかもその恵みは、途上国・先進国を問わず享受できる。

そんな物質を米国では二〇〇九年にオバマ政権の環境保護庁（EPA）が、なんと「規制すべき汚染物質」に指定した。だがトランプ政権になったあとの二〇一七年一〇月一六日には六〇名の科学者が、指定の見直しを求める書簡をEPAの新長官スコット・プルイット氏に送っている。

地球の植生　産業革命の開始から現在まで、大気にCO_2が増えるおかげで、地球の植生《しょくせい》（森林と草地）は重さがほぼ倍増したという。ここ数十年、熱帯雨林も加速度的に増えている。

一九七〇年代からつづく衛星観測結果を述べた論文はたくさんあって、そのどれも地球の緑化を語る。論文の一つを二〇一六年四月、北京大学の朱《チュー》再春ほか三一名（八か国・二四機関）が『ネイチャー・クライメート・チェンジ』誌に発表した。一九八二〜二〇一二年の三三年間にわたる観測の結果は次のようだったという。

① 三三年間に地球全体で植物の量は一〇%ほど増えた。
② 植生がある場所のうち二五〜五〇%で緑が増えた（減った場所は四%だけ）。サハラ砂漠の南部（サヘル地域）やシベリア、アマゾン流域の緑化がとくに激しい。
③ 緑が増えた場所の総面積（一八〇〇万平方キロメートル）は米国本土の二倍を超す。
④ 緑を増やした要因のうち、大気に増えるCO_2がほぼ七割と推定される。

私たちが化石燃料を燃やして大気に出すCO_2は、お返しに計り知れない恵みをくれるのだ。その事実こそメディアは報じてほしいし、学校でも教えてほしい。

ローカル現象　二〇一七年の一一月、ドイツ、米国、ベトナム、日本ほかの国際研究チームが、世界一〇か国の都市で育つ木と、それぞれの郊外で育つ同種の木を比べ、『ネイチャー』の系列誌に発表した。郊外に比べて街なかは木の生育量が二〇〜二五％大きいとわかり、その主因を都市化による気温上昇（2章）と推定している。だが街なかは、気温上昇のほか、夜間の人工照明や、水やり・消毒などの管理も木を育ちやすくする。また、クルマが出すCO_2は大気中の濃度を大幅に上げるから、その成長促進効果も大きいだろう。

コンピュータ予測をもとに、CO_2濃度上昇は地球の気温を上げ、陸上の植生を痛めつけて種の絶滅を招きかねない……などと脅す研究者がいる。いま紹介した論文も、「育つのが速ければ枯れるのも早く、管理の手間が増える」と抜かりなくマイナス面も書いているから、それが「通行手形」になって原稿の審査をパスしたのかもしれない（6章）。

だが現実をみるかぎり、CO_2の増加も穏やかな気温上昇も、植物を活気づける。地球の緑化を進めて食糧も増やし、八億〜一〇億といわれる飢餓人口を減らすのに貢献してきた。いま私たちは奇跡の時代を生きている。

「エコ」という反エコロジー

二〇世紀の末あたりから、CO_2の排出を減らすのは「エコ」――と叫ぶ人が増殖した。しかし

「エコ」がエコロジー（生態学）の省略形なら、用法を間違えている。

本来の意味

エコロジー（生態学。ドイツ語 Ökologie、英語 ecology）という語は、ドイツの生物学者エルンスト・ヘッケルが一八六六年に、ギリシャ語のオイコス（家・環境）とロゴス（理論・学問）からこしらえた。時が経つうち、人間中心の社会生態学や生体人類学、産業生態学、都市生態学なども生まれたが、もともとは生物と環境のかかわりに目を注ぎ、生物種どうしや、生物と物質世界（水圏・土壌圏・大気圏）の働き合いを調べる学問をいう。

そして、どんな環境が生物に望ましいかを突き止め、いま何か問題があるなら、その解消や緩和に向けた策や行動を考えるのが、エコロジーの目標になる。

生物の世界（生物圏）は、植物の光合成を基礎にして生まれた。光合成の勢いはCO_2が濃いほど強く、生物多様性を向上させるなどして豊かな生物圏を生む。むろん私たちヒトも生物圏の一部だから、大気中のCO_2増加は、人間社会にとっても「エコ」だといえよう。

逆立ちのエコ

けれど一九八〇年代の末にCO_2温暖化説が現れ、一部の人が「温暖化は人類への脅威」と大声で叫んだ結果、「CO_2を増やさないのがエコ」といわれるようになった。本物のエコロジーではなく、逆立ちのエコロジーだ。

エコが逆立ちした要因は二つ思い浮かぶ。一つはメディアが好きな、「子孫のために」や「環境に配慮」など、一見うるわしい殺し文句か。二〇一七年一二月三日朝のNHKニュースでも、東京五輪を控え東京都が隅田川にかかる橋のライトアップを計画中という話の中で、「環境に配慮してLED電球を使う」という意味不明な表現が使われた。

もう一つが、時代の空気に迎合して儲けたい人々の思惑だろう。エコカーやエコ家電、エコ住宅などを製造・販売する経済活動が典型になる。民間のメディアも経済活動の網にからめとられているため、新聞やテレビは大スポンサーに付度《そんたく》し、「CO_2排出を減らして環境を守ろう」と、本来の意味なら「反エコロジー」の表現を使う（6章）。

英国の名物記者ジェームズ・デリングポールが二〇一三年、そんな狂った風潮を軽妙な筆致でからかう本"*The Little Green Book of Eco-Fascism*"（エコ・ファシズム小事典）を出している。まだ邦訳はないものの、一読すれば環境騒ぎの本質がつかめるだろう。

大気に増えるCO_2の源

何が大気にCO_2を増やしてきたのか？ 化石資源の燃焼など「人間活動だけ」を原因とみるのがふつうだが、そう単純な話でもない。

CO_2の濃度と排出量　一九〇〇～二〇一四年の一一五年間、化石燃料の燃焼から出たCO_2

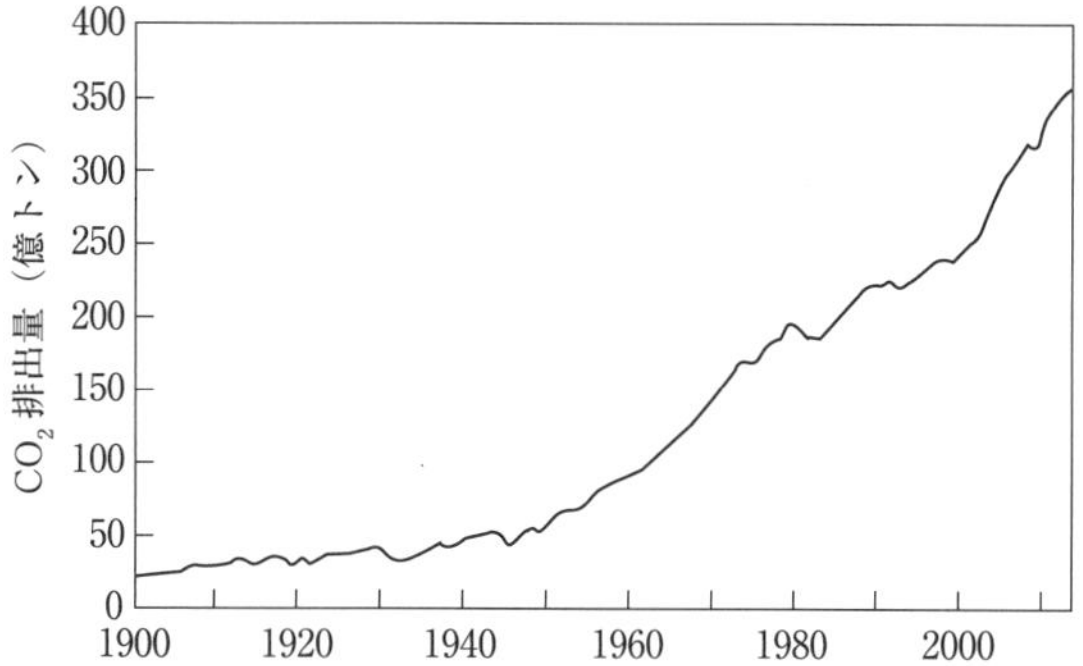

図 1.5　化石燃料由来の CO_2 排出量：1900〜2014 年（世界）
［https://www.epa.gov/ghgemissions/global-greenhouse-gas-emissions-data］

の量は図１・５のようになる（米国ＥＰＡ発表のグラフ）。第二次世界大戦が終わるまでは微増だったところ、高度成長期（一九四五〜八〇年）に急増したあと、増加はいったん緩やかになった。先進国のCO_2排出が二〇〇〇年ごろ頭打ちに近づいたためだが、ちょうどそのころ中国やインドなど新興国のCO_2排出が急増を始めた結果、勢いを盛り返している。なお、ほかの新興国も排出を増やしてきたが、中国とインドの前では見る影もない（４章）。

何が原因？　図１・１（CO_2濃度）と図１・５（CO_2排出量）は、どんな関係にあるのか？　冒頭で触れたスクリプス研究所のホームページに、「スクリプスCO_2計画」というサイトがある。うち一か所では図１・１の測定結果を、「人為的CO_2の五七％が大気に貯まるとすれば説明できる」としている。つまり、そこを書いた人物は、大気中CO_2の増加をことごとく人間

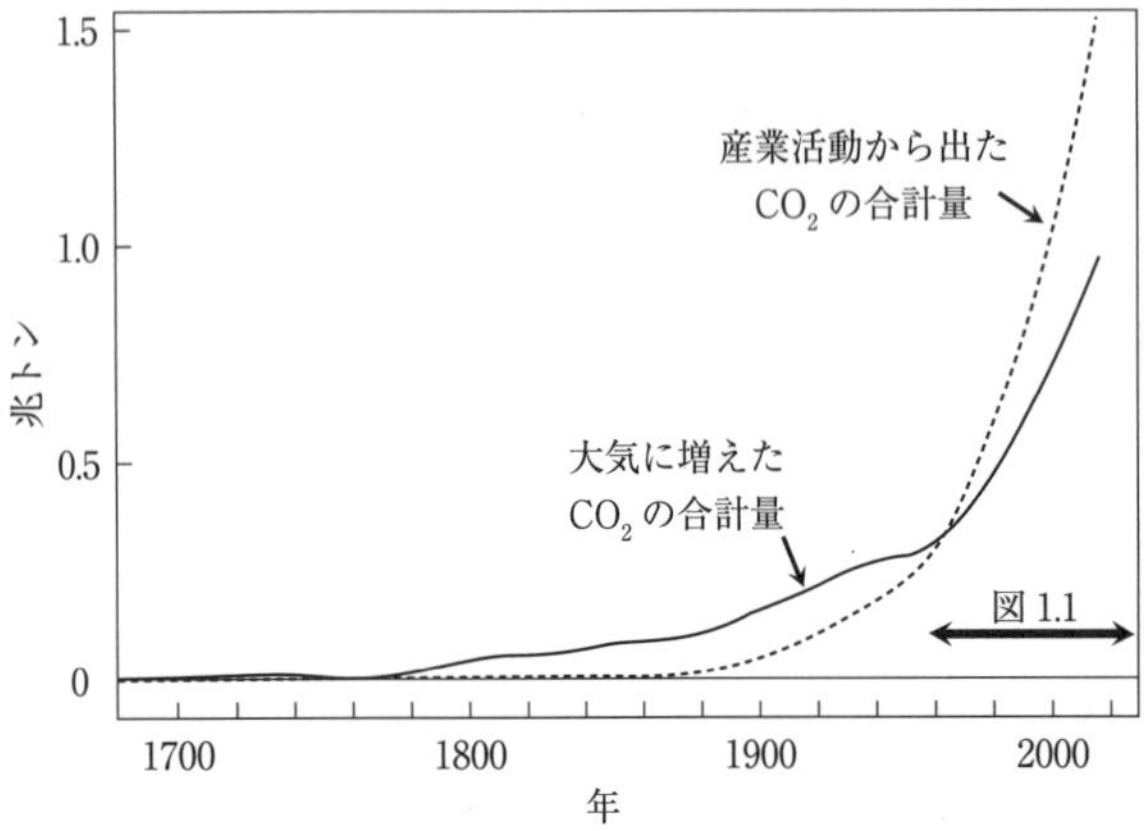

図 1.6　2016 年までに産業活動から出た CO_2 と、大気に増えた CO_2

［カリフォルニア大学スクリプス海洋研究所の公開データ］

活動のせいとみた。

だが同じサイトの別箇所には図1・6が載っている。一六八〇~二〇一六年の三三七年間に、産業活動から出たCO_2の合計量と、大気に増えたCO_2の合計量を比べたものだ。排出量は一八七〇年に目立ち始め、そのあとは増加の一途をたどった。かたや大気のCO_2濃度は、一八七〇年の一〇〇年も前から増え始めている。

先入観なしに図1・1と図1・6を見比べると、「人為的CO_2の五七%が大気に貯まる」という解釈は、一九八〇年以後なら正しそうでも、その手前の一九五八~八〇年はかなり苦しい。スクリプス研究所という同じ組織も、一枚岩ではないのだろう。

現時点は、小氷期(一三五〇~一八五〇年)からの回復途上で、自然現象として気温がゆっくり上がっていく時期とみてよい(2章)。気温が上がれば、海水に溶けていたCO_2が大気に出てくる。図1・6の実線には、全体の何割かは不明ながら、その効果も効いているのではないか？

そんなふうに現在のところ、何が大気にCO_2を増やしてきたのかさえ、わかったといえる段階ではない。

答えが出るのは数年後？　図1・5の右端（二〇一四年）には、CO_2排出量が飽和しそうな気配が見える。さすがの中国も無限には成長できず、排出量が頭打ちになりかけているのだろう。図にはしていないけれど、国際エネルギー機関が二〇一八年三月に発表したデータによると世界のCO_2排出量は、二〇一四・一五・一六年の三年間ずっと横ばいをつづけ、一六年から一七年にかけて一・四％ほど回復したにすぎない。

あと数年のうち、中国とインドの経済成長が勢いを弱め、年間の排出量は横ばいから右肩下がりに変わるかもしれない。そのときもなお大気のCO_2濃度がいまの調子で増えつづけるなら、大気に増えるCO_2（図1・1）の少なくとも何割かは、人間が出すCO_2ではないとわかる。

理科の目で見たCO_2には、「うるわしい物質」のイメージしかない。だから、理系出身なのにCO_2を目の敵《かたき》にするような人物の発言は鵜《う》呑《の》みにしないほうがよい。

2章　地球の気温――まだ闇の中

虚構もある程度作り上げてしまうと、壊すのも惜しいほどの見栄えになってしまう。

雫井脩介『火の粉』

大気中の二酸化炭素（CO_2）は、増やす要因にまだ謎が残るものの、ここ六〇年間ほど濃度が快調に増えているのを疑う余地はなかった（1章）。それにひきかえ、温暖化に直接からむ気温のほうは、まだわかっていないことだらけだといってよい。

地球の気温は、自然現象としても、人間活動のせいでも変わる。人間活動には、すぐあとで調べる都市化（排熱）と、化石燃料の燃焼に伴うCO_2排出（人為的CO_2）がある。さしあたり、それぞれの効く割合はよくわかっていない。

自然変動や都市化に比べて人為的CO_2の効きかたがずっと弱ければ、莫大な資源（お金・時間・頭脳・労力）をつぎ込む「温暖化対策」は、たちまち意味を失ってしまう（4章）。

本章では、気温変化のありさまも原因も、さらには今後の行く末も「どれほどわかっていないか」を紹介したい。

恐ろしそうな気温のグラフ

国連の組織として一九八八年に生まれたIPCC（気候変動に関する政府間パネル。6章）は、一九九〇年から五～六年ごとに数千ページの報告書（四分冊）を出してきた。いちばん新しい二〇一三・一四年の第五次報告書、第一巻「自然科学的根拠」の第2章に、「世界平均気温の推移」と称する図が何点かある。その一つを図2・1にした。

グラフの根元　諸国の気象機関が得た気温データ（観測期間が長いもの）は、まず米国海洋大気庁（NOAA）の国立気候データセンター（NCDC。二〇一五年の春に組織変更したが本書では旧名を使う）がとりまとめる。NCDCは気温データを「加工」したあと、世界全体の全球気候史ネットワーク（GHCN）、米国本土だけの米国気候史ネットワーク（USHCN。観測点一二一八か所）というデータベースにして公表する（略語のスペルは巻末「略語表」参照）。

少々ややこしいのだけれど、米国航空宇宙局（NASA）のゴダード宇宙科学研究所（GISS）と英国気象庁の気候研究ユニット（CRU）もNCDCのデータを手に入れ、それぞれ独自の加工を施す。以上のような「作品」が世界に向けて発信される。

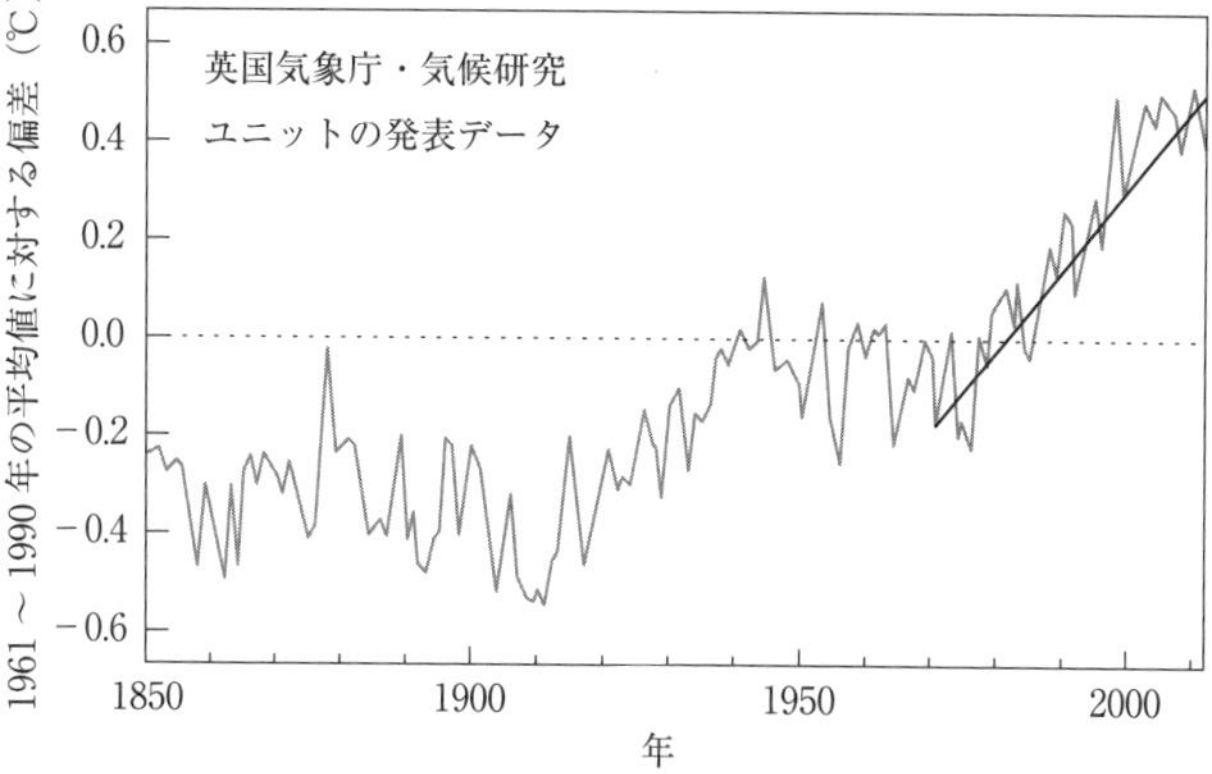

図2.1　世界の年平均気温推移（陸地＋海面）：1850～2012年
［http://www.ipcc.ch/report/ar5/］

加工の中身にわかりにくい部分はあるが（四一ページ）、三つの組織とも似たような加工をするので、最終結果にはさほど差がない。だからCRUのグラフだけを図2・1にした。

目玉商品　第五次報告書の第2章には、図2・1とほぼ同じ図が（ときにNCDCやGISSの加工品も入れて）計六回、時間枠をせばめただけの図も二回（全体をまとめた「統合報告書」にも二回）それぞれ登場する。IPCCの「目玉商品」だったのだろう。ぼんやりと眺めれば、多少の上下動はあるものの気温は一六三年間ずっと上がりつづけ、とくに一九七〇年代からの上昇が激しいという印象だ（報告書の説明文には「一九〇五年からの一〇〇年で約一℃上昇」とある）。そして第五次報告書の第二巻「影響」も第三巻「対策」も、図2・1に頼って話が進む。

一〇〇年で一℃の気温上昇は、何か異変をもたらす力などない以上（3章）、心配するには及ばない。ただし一九七五〜二〇一二年の急上昇（図の右手に引いた直線。一〇〇年あたり約一・五℃）が今後どんどん加速して環境を狂わせ、その原因が人為的CO_2なら対策をすべき……というのが、地球温暖化問題にほかならない。

なお、「一〇〇年で約一・五℃上昇」はあとの話にも関係するため、注目していただきたい。日本ではメディア報道も、中高校教科書の地球温暖化話も、図2・1やその同類を正しいとみたうえ、人為的CO_2だけが気温を上げた（上げる）とほのめかす。

疑問あれこれ　しかし図2・1をよく見れば、そう単純な話でもないとわかる。まず目を引くのが、一九一〇〜四〇年に進んだ激しい気温上昇だ。CO_2の排出がまだ少ないころだから（図1・5）、人間活動が主因ではありえない。

また、世界のCO_2排出が急増した戦後すぐから一九七〇年代まで（先進国の高度成長期）、気温はむしろ下がりつづけた（「地球寒冷化」や「氷河期接近」の警告本が続々と出た時期。あとで示す表2・2。6章も参照）。その期間も人為的CO_2原因説には合わない。

図2・1は地上の気温を表している。高さ約一・五メートルに置く温度計のまわりで都市化が進めば、クルマや電力消費の出す熱が温度計の読みを上げる。一九七〇年代から二〇〇〇年までは、世界各地で猛烈に都市化が進んだ（日本など先進国の都市化は一九六〇〜八〇年代に進行）。約

〇・五℃と読み取れる気温上昇は、おもに都市化のせいではないか？

そしてもう一つ、一八八〇年、一九四〇年、二〇〇〇年ごろに気温の「ふくらみ」がありそうだと気づく。CO_2排出の急増が始まる前の時代も含むため、約六〇年を周期とする気温の自然変動を反映しているのかもしれない（五二ページ）。

こうした疑問への答えしだいで、図２・１の「恐ろしさ」は消え失せることもありうる。

都市化の威力

東京の都心　都市の人間活動が出す熱を考えよう。都市の住民は狭い場所で大量のエネルギーを使い、電力消費とクルマ走行が発熱の両横綱になる。どんな形で使った電気も最後はほとんどが熱に変わるし、クルマのエンジンではガソリンの化学エネルギーの大部分が熱に変わる（走行中の普通車一台は約三〇キロワットの超強力ヒーター）。東京の都心を例に、電力消費とクルマ走行がどれほど気温を上げそうか見積もってみる。なお、道路の舗装も熱を貯めて夜間の気温を上げるが、その効果は考えない。

人間活動は都心で激しい。JR山手線は都心の約六五平方キロメートルを囲み、少し外には銀座や新宿、渋谷、池袋など活発な商業地区がある。そこで、山手線内を含み面積が一・五倍の一〇〇平方キロメートル範囲に注目しよう。

表 2.1　都心の人間活動が高度 500 m までの空気を暖める力

J（ジュール）：エネルギーの単位，1 kWh = 360 万 J

電力消費から出る熱

東京都全体の消費電力：約 900 億 kWh / 年 = 880 兆 J / 日

昼間（12 時間）の東京都全体：600 兆 J（上記の 6 割台と仮定）

昼間の都心（100 km^2）：約 200 兆 J（人口比に合わせ 3 分の 1 と仮定）

クルマの排熱

東京都の保有車両：四輪車 315 万台（別にバイク 17 万台）

昼間（12 時間）の都心：四輪車 15 万台が常時走行（仮定）

平均時速：30 km / h（仮定），燃費：10 km / L（仮定）

→ 1 台が 1 時間に燃やすガソリン：3 L = 2.3 kg

ガソリンの発熱量：4800 万 J / kg

→ 1 台が 1 時間に出す熱：1.1 億 J

→ 15 万台・12 時間：約 200 兆 J

昼間の都心で出る熱の総量（電力 + クルマ）= 約 400 兆 J（A）

高度 500 m までの空気（50 km^3）の熱容量 = 約 40 兆 J / ℃（B）

昇温幅 = A ÷ B = 約 10 ℃

まずは昼間の一二時間について、一〇〇平方キロメートル範囲の電力消費とクルマ走行が出す熱を見積もったうえ、空気の温度を一℃だけ上げる熱（熱容量）と突き合わせる。なお東京の気温とは、都心に置かれた温度計一本の読みをいう。

表2・1に示す計算から、昼間の都心で一〇〇平方キロメートル範囲から出る熱は、東京タワーの一・五倍にあたる高さ五〇〇メートルまで（体積五〇立方キロメートル）の空気を一〇℃ほど暖めるパワーをもつとわかる。

現実の温度上昇

ただしその「一〇℃」は、昼間の都心で出る熱が五〇立方キロメートルの空気に「一瞬で、まんべんなく」伝わるときの気温上昇だった。現実にそんなことは起こらない。出た熱は上空に向けて拡散するし、風に運ばれて周辺に散らばりもする。クルマの排熱は空気をじかに暖めるけれど、建物内で出る熱は中に籠《こ》もりやすい。昼間は四五〇万の都心人口も夜間は一五〇万に減るため、夜間の発熱量は昼間よりだいぶ少ない。

そういうことを考え合わせると、一日にならした東京都の気温上昇は一〇℃よりずっと小さいだろうが、一℃未満にまで減るとは考えにくい。一～二℃ではなかろうか。

気象庁がホームページに載せている図を見ると、一八七六～二〇一四年の一三九年間、東京の気温は「一〇〇年で二・四℃上昇」だという。いまの推算をもとにすれば、二・四℃の半分以上は都市化のせいだと思える。

東京の観測点は二〇一四年一二月、千代田区大手町の気象庁構内から、皇居外苑（北の丸公園）に移設された。移設後に測定値が一・四℃下がったという。北の丸公園は、電力多消費のビル群からやや遠いうえ、交通量の激しい道路から離れた林の中にある。その両方（都市化効果）が減って見かけの気温が下がったとみれば、都心の「温暖化」はおもに排熱が起こし、CO_2の温室効果はわずかだったといえよう。

都会と田舎　東京の気温上昇が約一・五℃だった一九五〇～二〇一四年の六五年間、一八〇キロメートル離れた三宅島の気温はほとんど上がっていない（図2・2。二〇〇〇年の気温値が欠けているのは、雄山《おやま》の大噴火で立ち入れなかったため）。

人間活動が出すCO_2の温暖化効果がおもに効くなら、どんな場所の気温も似たような形で時間

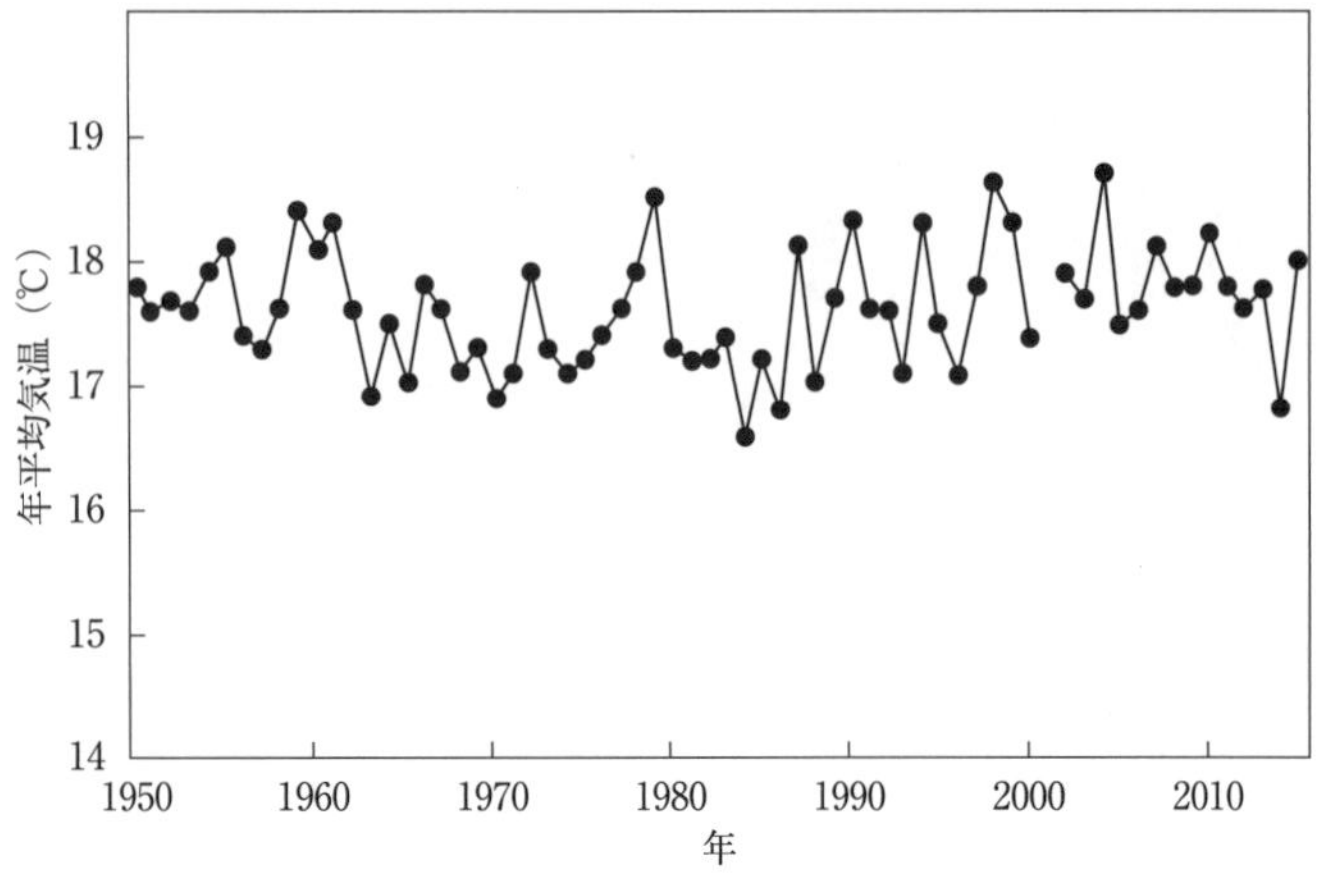

図 2.2　三宅島の年平均気温推移：1950〜2015 年

［http://www.jma.go.jp/jma/menu/menureport.html］

とともに上がるはず。そうなっていないところをみると、「人為的CO_2の温暖化効果」はさほど強くはないと思える。

　なお気象庁は、全国一五地点（網走、根室、寿《すっ》都《つ》、山形、石巻、伏木《ふしき》、飯田、銚子、彦根、境《さかい》港《みなと》、浜田、宮崎、多度津《たどつ》、名瀬《なぜ》、石垣島）の測定値から「年平均気温偏差《へんさ》」をはじき、「日本の気温は一〇〇年で約一・二℃上昇中」というグラフをホームページに載せている。一五地点は「長期の観測データがあり、都市化の影響が少ない」ので選んだというが、本当にそうなのか？　私の郷里に近くて見当のつく鳥取県境港市も島根県浜田市も、都市化がかなり進んでいる。また、北海道出身の知人が「寿都も田舎のままじゃないよ」といっていた。だから気象庁の「一〇〇年で約一・二℃上昇」には、大きな疑問符がつく。

　電力消費やクルマ走行が空気を暖めない（人為

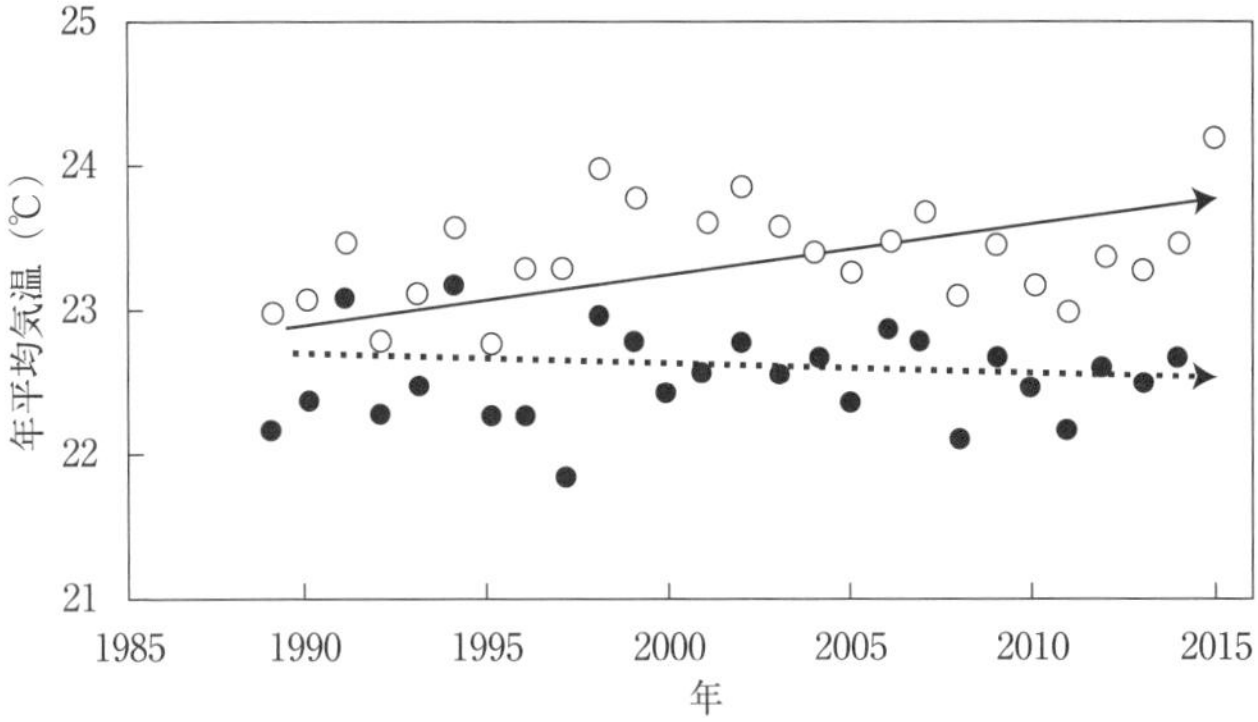

図 2.3　香港の年平均気温推移（○都心，●郊外の打鼓嶺）
［W.-M. To, T.-W. Yu, *Adv. Atmos. Sci.*, **33**, 1376（2016）］

的CO_2の温暖化効果だけが効く）町など、いまの日本にはないだろう。人里離れた山奥ならCO_2の効果も検出できるだろうが、山奥に観測所はない。

香港とインドの例　都市の気温上昇を調べた論文は多い。最近の論文の一つが、香港《ホンコン》の都心と郊外を比べている（図２・３）。一九八九～二〇一五年の二七年間に都心の気温が一℃近く上がった一方、郊外の気温は横ばいか下がりぎみに見える。

インドの研究者は、首都デリー周辺の自治体群について、人口密度と気温を比べた（図２・４）。一平方キロメートルあたり四万人を超す自治体は、一万人未満の自治体より気温が三～四℃も高い。人口密度が高いほど人間活動（発

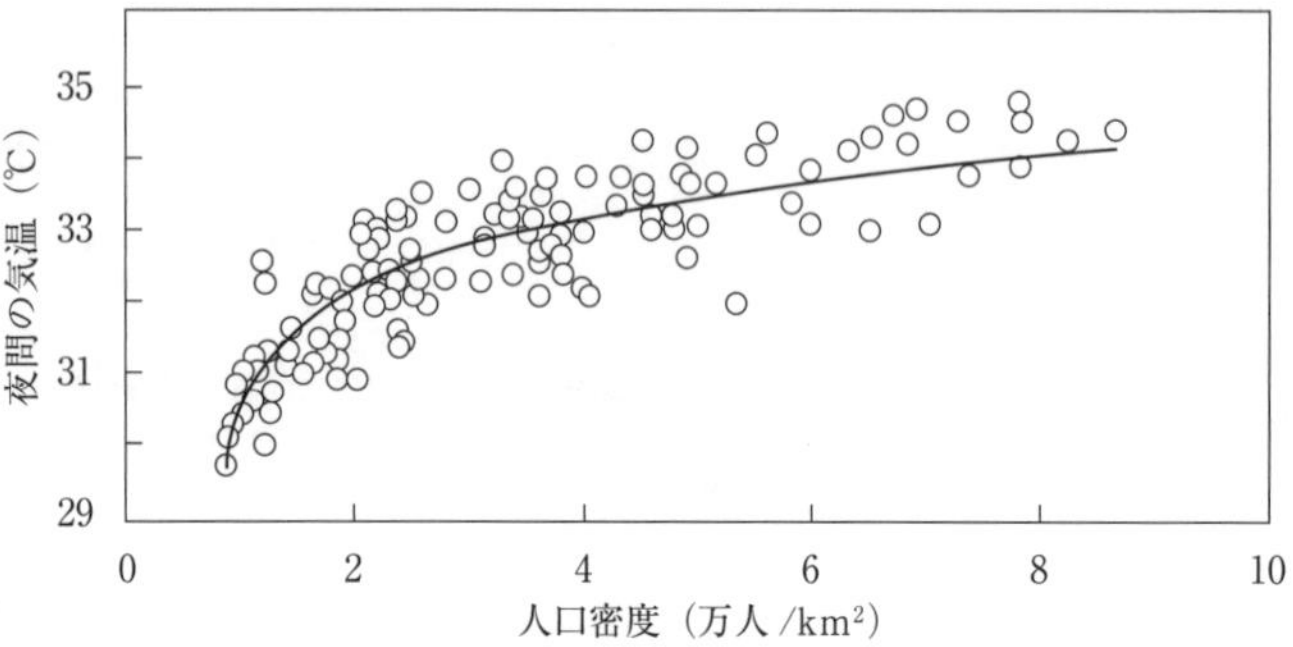

図 2.4　自治体の人口密度と気温の関係（インド・デリー近郊）
［J. Mallick, A. Rahman, *Curr. Sci.*, **102**, 1708（2012）］

熱）の勢いも強いからだろう。

東京都だと、豊島区や中野区、文京区、新宿区の人口密度が二万人前後なので、図2・4の結果がそのまま当てはまるなら、そうした区部は田舎と比べ二～三℃くらい「温暖化」していよう。

最長記録の気温データ　英国の気象庁には、イングランド中部で一六五九年（日本の江戸時代初期）からつづく気温測定のデータ（略称CET）がある。二〇一六年まで三五八年間のグラフを図2・5とした。

年ごとの変動は激しいが、一九七五年ごろまでの三〇〇年間に〇・三℃しか上がらなかった気温が、以後四〇年で〇・五～〇・六℃も上がったように見える。一九四〇年ごろまでのゆるやかな上昇は、人為的CO_2と無関係な自然変動に違いない。一九七五年以降の気温上昇は図2・1に似ているけれど、その主因は人為的CO_2の温室効果なのか？

近年、CETのおもな観測点は三か所だという。三か所と

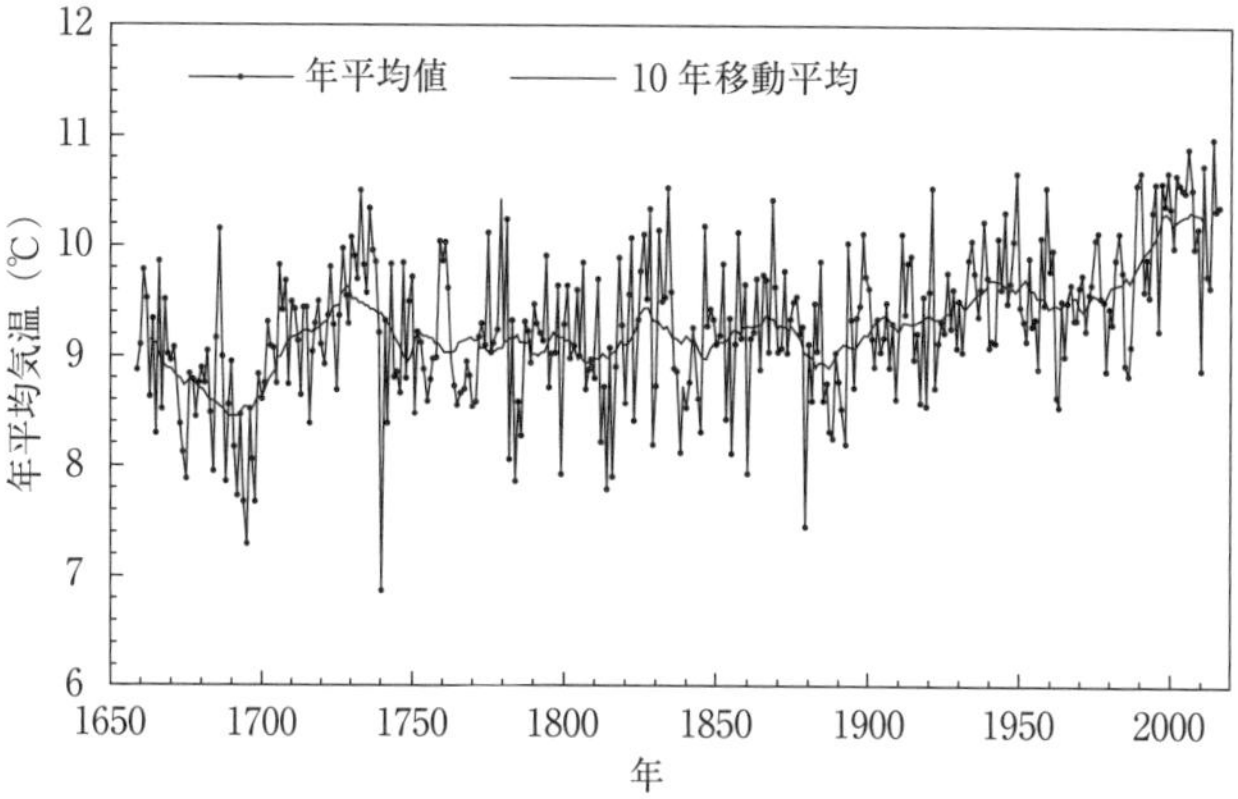

図 2.5　中部イングランドの気温 CET：1659〜2016 年（358 年間）
［https://www.metoffice.gov.uk/hadobs/hadcet/］

も、一九七〇年代以降に都市化が進んでいれば、それが温度計の読みを上げたのかもしれない。どうなのだろう？

米国の気象予報士アンソニー・ワッツが二〇〇六年一一月に立ち上げ、以後一一年半の閲覧数が三億五〇〇〇万を超す名高いブログがある（略称ＷＵＷＴ。これからも何度か引用。wuwt で検索すればトップに出現）。二〇一七年一月の記事（投稿者は作物栽培の研究者）に添えられた航空写真からみて、観測点の少なくとも一つは、一九五二年にできた園芸学系大学の建物が北側と西側を囲んでいる。すぐそばの講義棟と研究棟や、温帯植物を育てる温室は、寒い時期の北風や西風をさえぎるばかりか、発熱源にもなる。出入りするクルマも発熱源だ。

英国気象庁が発表した季節ごとのＣＥＴデータをグラフ化してみると（図は省略）、春と夏の気温が「三〇〇年間で約〇・三℃上昇」の延長上にある一方、寒い秋と冬の気温は、一九七〇年代から一℃近くも上がっている。すると、図2・5の右端あたりに見える「〇・五〜〇・六℃上昇」は、いま書いた都市化のせいではなかろうか。

なお英国気象庁も都市化は気にかけ、一九八〇年以降は生データから〇・二℃を引いた値を公表してきた。補正の向きは正しいものの、たった〇・二℃でいいのかどうかは誰も知らない。

気温値の加工がつくる「温暖化」

先ほども触れたとおり、米国のNCDCとGISSも、英国のCRUも、気温の生データを加工してから「世界の気温グラフ」の素材にする。それをIPCCの関係者が、図2・1のような温暖化グラフにして報告書に載せる。

GISSのホームページを見ると、加工する理由は次の四つだという。

① 温度の読み取り時刻を変えると測定値が動く（最高最低温度計で平均気温を出す前の時代なら、「午後読み」を「朝読み」に変えれば気温値が下がる）。
② 温度計や測定法を更新すると測定値が動く。
③ 観測点を動かせば測定値が変わる（東京の例：三五ページ）。
④ 近い観測点の気温は似ているとみて互いを補正する（均質化処理）。

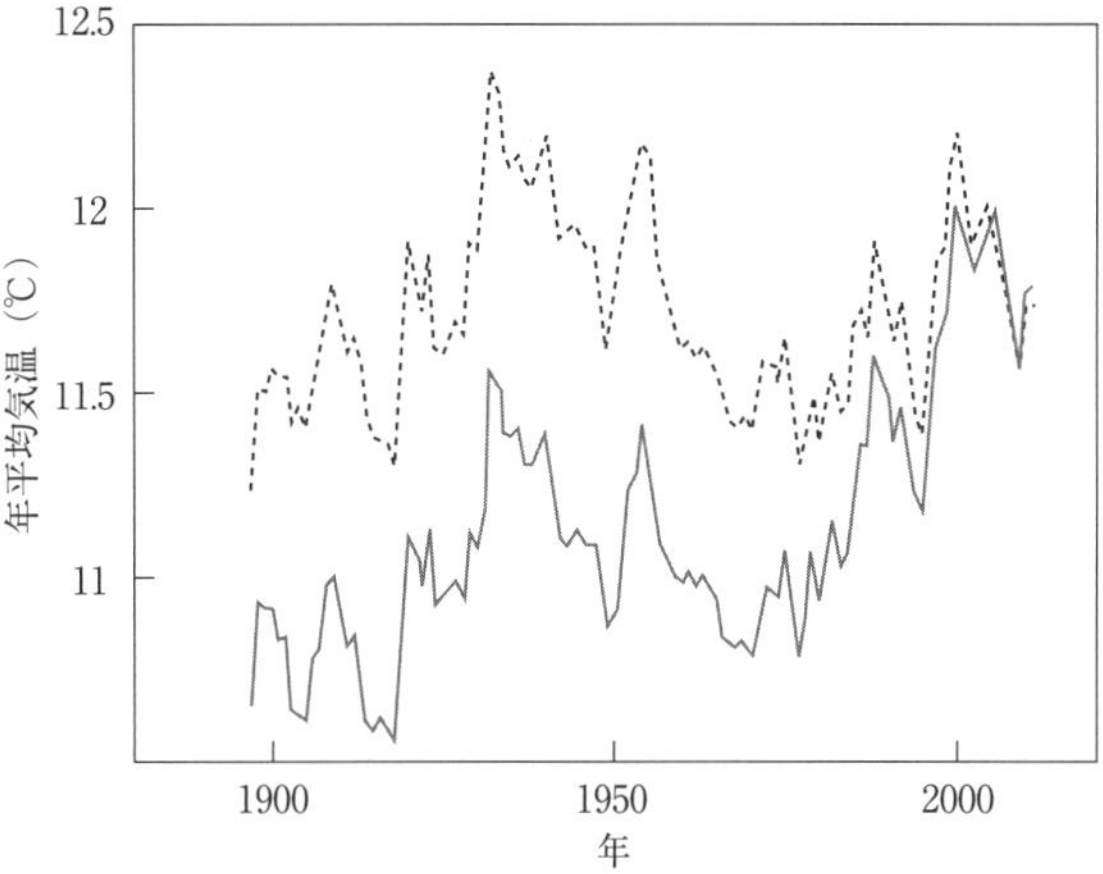

図2.6　米国本土（48州，1218観測点）の年平均気温：1897～2013年

実測値（--------）と，NCDCの「加工後」グラフ（――）

①～③はよくわかるが、「都市化の効果を補正するため」と称する④がわかりにくい。ＧＩＳＳは④の「近い」を「一二〇〇キロメートルまで」と考え、一二〇〇キロメートル圏内にある田舎と都市の気温変化を「よく似た姿」に調整するのだという。

左肩下がりの加工品　都市化は一九六〇～七〇年から世界各地で激しく進んだ。中都市や町村も例外ではない。気温データに都市化の補正をするなら、都市化の分だけ「現在に近い測定値を下げる」のがまっとうな感覚だろう。しかしＮＣＤＣやＧＩＳＳの加工後グラフはその逆で、過去の測定値を下げた結果に見える。

たとえばＮＣＤＣは米国の地つづき四八州につき、図２・６実線のグラフを公表している。一九五〇年ごろまでの実測値（破線）を〇・六～一・〇℃も下げたあと、時間を追って下げ幅を減らした結果、今世紀に入ってからは、実測値と加工後の値がほぼ一致する。気温上昇の主因を都市化とみた場合の逆向きなので、先ほどの①～③が大きく効いていたのかもしれないけれど、具体的にどんな作業をしたのかは、調べても見つからない（知っているのは作業者だけ？）。

米国では一九三〇年代の猛暑が語り草になっているほどだから、図2・6実線の温暖化グラフに違和感を覚える米国人はずいぶん多い。

なおNCDCは、全世界のGHCN（三〇ページ）に使う観測点を、一九七〇年代の約五五〇〇か所から現在の二一〇〇か所へと減らしてきた。ひょっとして、管理しにくい田舎の観測点を優先的に落とし、それが「見かけの温暖化傾向」を強めたのかもしれない。

米国のGISSと英国のCRUがしてきた加工も同様で、ほぼ例外なく左肩下がりの気温グラフができ上がる。そればかりか、NCDCにデータを提供する各国の気象庁も、似たような加工をしてきた。図示はしないがたとえばニュージーランドの気象庁は、「一〇〇年で〇・三℃上昇」だった一九〇〇年以降の実測値を図2・6とよく似た形に加工し、「一〇〇年で約一℃上昇」に変えてからNCDCに送ったという（都市化の補正なら逆向きになりそうだが）。

三種類もある気温

いまGISSが「世界のグラフ」作成に利用する観測点二一〇〇か所には、日本の観測点が四〇か所ある。その一つ八丈島を眺めよう。GISSが加工したあとのグラフは図

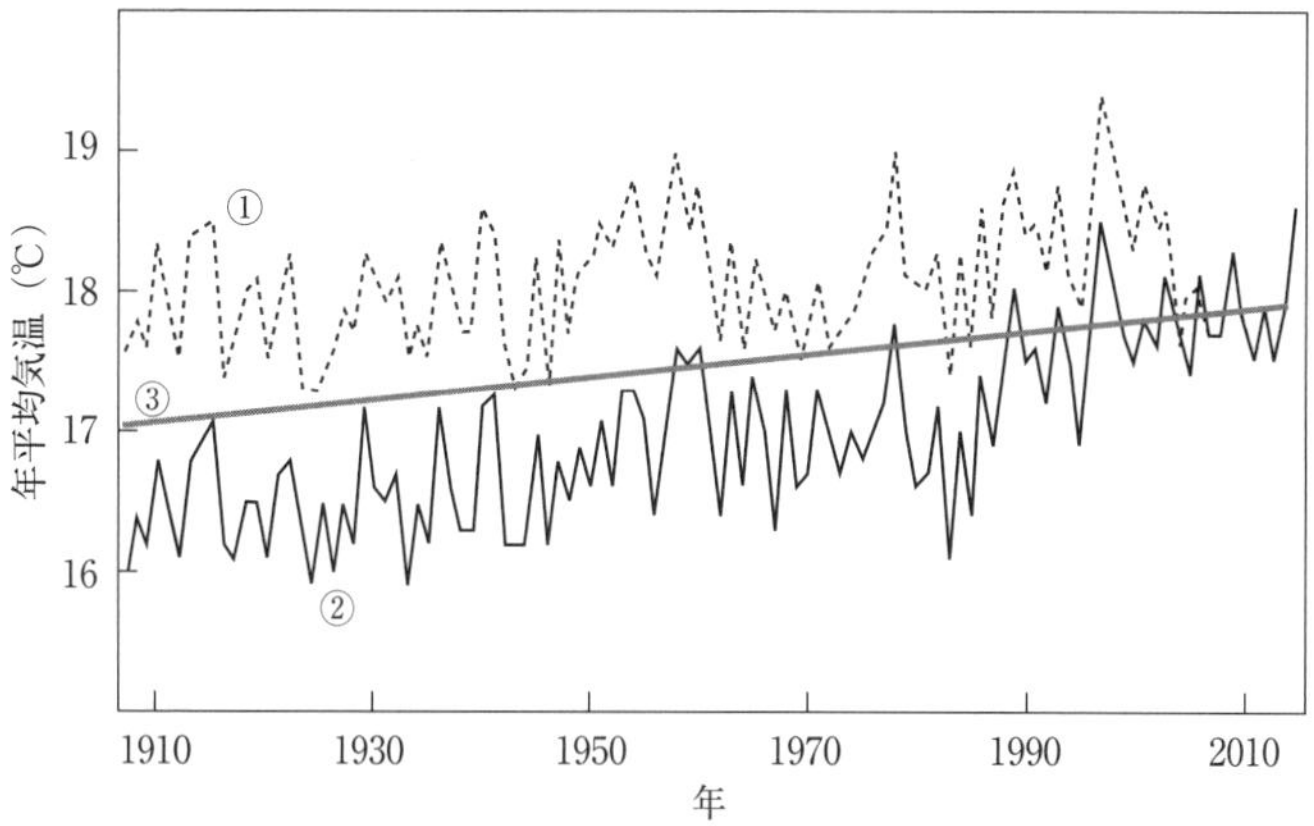

図 2.7　3 種類もある「八丈島の年平均気温」：1907〜2016 年

①気象庁の実測値（--------），②GISS の加工後（———），
③気象庁の加工後（———）
（気象庁の「加工後」は，具体的なデータ点を除いて引いた直線）

2・7の実線②になる。

図中の点線①は、気象庁がホームページの「過去の気象データ」欄に載せている一一〇年間の実測値だが、どうみても横ばいのままだ。かたやＧＩＳＳの加工品は、一一〇年間に約一・五℃も上がっている。おそらく、一二〇〇キロメートル圏内の大中都市の実測値に合わせる「均質化」が効いたのだろう。なにしろ一二〇〇キロメートルは、青森〜福岡の直線距離に近いのだ。

八丈島の気温グラフは、なんともう一つあった（図2・7の直線③）。それを気象庁がホームページの「地球温暖化」項目中、「日本の各地域における気候の変化」欄に載せ、「長期傾向：一〇〇年で〇・七℃上昇」と書いている。

同じ八丈島の気温変化に、過去一〇〇年間

で「ほぼ横ばい」（気象庁の実測値）、「〇・七℃上昇」（気象庁の加工品）、「一・五℃上昇」（GISSの加工品）という三種類がある（じつはGISSの気温サイト https://data.giss.nasa.gov/gistemp/stdata/ にある八丈島の「加工前」データは気象庁の実測値と微妙に違うため、それも含めると四種類！）。いったいどれが八丈島の真実なのか？

手品のような「均質化」　国土の狭い日本だと、観測点四〇か所のほぼ全部が「一二〇〇キロメートル」ルールでつながり合う。ただ一つの例外となる南鳥島は、いちばん近い観測点の父島から一三〇〇キロメートル（関東から一八〇〇キロメートル）離れている。そこでGISSのサイトにある南鳥島の気温（一九五〇〜二〇一六年の六七年間）を見てみると案の定、「加工後」もほぼ横ばいのままだった。

　GISSのサイトでは、ほか三九か所のうち二六か所までの気温が、判で押したかのように「一〇〇年で約一・五℃上昇」となっている（図2・1に引いた直線の勢いが一〇〇年つづくと思えばよい）。残る一三か所も「一・二〜二・〇℃上昇」の範囲に入る。気象庁が日本の平均気温推移を求めるのに使う寿都《すっつ》（三六ページ）だけはやや弱く、「一〇〇年で約一℃上昇」と読み取れる。

　世界各地のそんな加工後データがIPCC報告書に入り込み、恐ろしげなグラフ（図2・1）ができ上がるのだ。気温データの加工も人間活動の一種とみれば、まさに「人間活動が起こした温暖化」だとはいえよう。

海外のブログ類では、GISSなどが行う気温データの加工をmanipulation（小細工、改ざん）やfabrication（捏造《ねつぞう》、でっち上げ）だと酷評する人が多い。

大きな一歩

こうした実情を突き合わせれば、図2・1で一九七五年以降に見える気温上昇の一部（半分以上？）は、世界各地で進んだ都市化と、GISSやNCDCの行う気温データ加工が生み出した「フェイク」だと思いたくなる。

都市化の影響を除きたいなら、都市の気温データを捨て、田舎のデータだけ使えばよい。たぶんそう考えたNOAAは今世紀の初頭、田舎の観測点だけで気温トレンドを追う米国気候基準ネットワーク（USCRN）を立ち上げた。二〇〇八年にひとまず整備できたUSCRNは、本土四八州のわずか一一四地点と、ハワイの二地点、アラスカの八地点をカバーする。写真をいくつか眺めてみると、なるほど野原にポツンと置かれたような百葉箱が多い。

観測点が予定数に近づいた二〇〇五年一月から二〇一八年一月までの結果（月ごとの気温偏差）を図2・8に示す。まだ一四年間だから即断しにくいけれど、気温はほとんど変わっていないように見える。都市化もデータ加工もない地上の気温は、自然変動（後述）と人為的CO_2の影響でほんの少しずつ上がるだけなのだろう。二つがどれほどずつ効くのかは、今後数十年でわかる。

図2・8の期間と、やはり気温がほぼ横ばいだった二〇〇一〜〇五年（次項の図2・9）を合わせた一七年間は、高校二〜三年生の全人生に等しい。それなのに彼らは小学校からずっと「温暖化

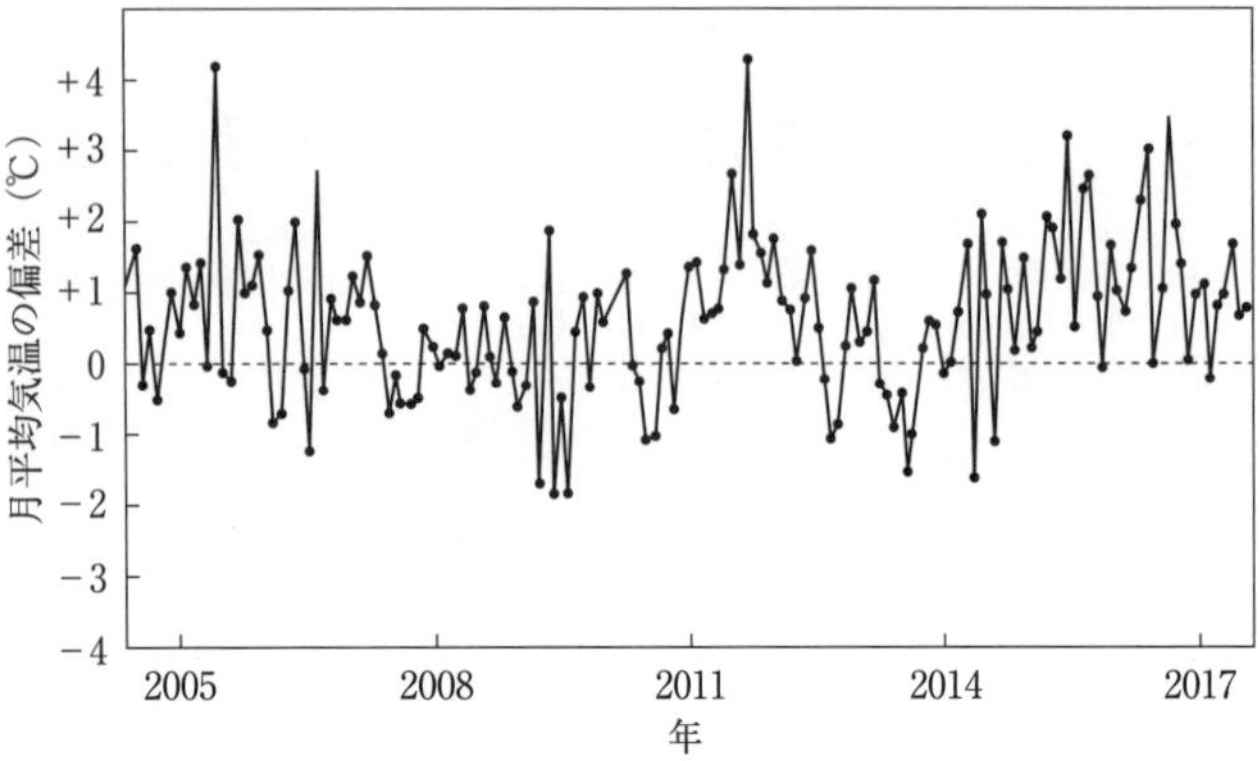

図 2.8　USCRN（米国本土 114 地点）の月平均気温：2005 年 1 月〜2018 年 1 月

［https://www.ncdc.noaa.gov/crn/#］

が進行中」と教わってきた。メディアなどが図2・8のようなデータを紹介すれば、いずれ小中高校の教科書から温暖化の記述が消え、学習時間の浪費でしかない環境教育も終わるだろう。

衛星データ

いままで紹介した気温は、都市化の影響を受けやすい地上の測定値（と加工品）だった。一九七九年一月から、米国アラバマ大学ハンツビル校（UAH）のジョン・クリスティー教授、ロイ・スペンサー博士と、別にリモートセンシングシステムズという組織が、人工衛星で大気温度の観測をつづけてきた。二〇一八年の末には観測期間が四〇年に届く。

　衛星は北緯八〇度〜南緯七〇度の地球上空を日に何周もしている。UAHの場合、衛星に載せた

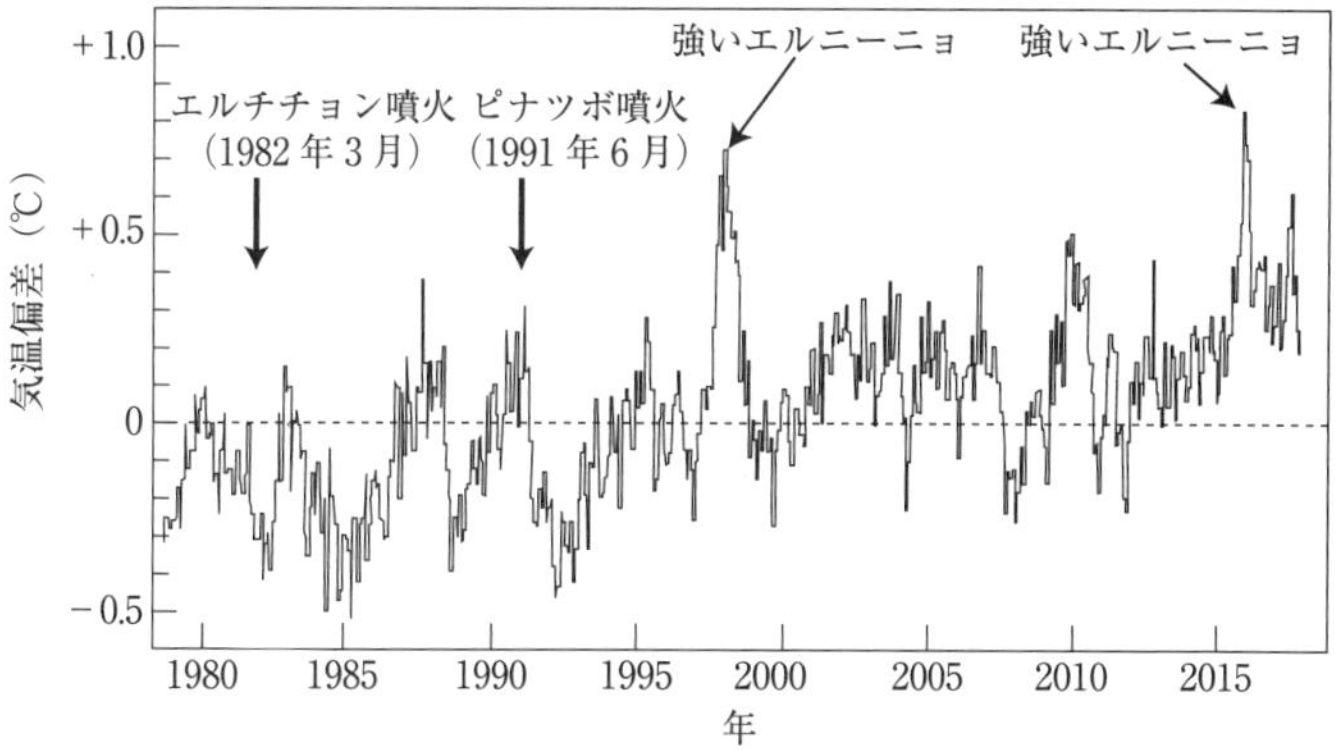

図2.9　大気底層の衛星観測データ：1979年1月〜2018年2月
［http://www.drroyspencer.com/］

探査計が、地表から約二キロメートル（大気底層）、六キロメートル（対流圏中層）、一八キロメートル（成層圏下層）の大気にそれぞれぼんやりと焦点を当て、酸素分子の出すマイクロ波を測って温度に換算する。地上の実測値と対比できる大気底層のデータは、都市化の影響をほぼ除いたものとみてよい。

二〇一八年二月までの結果を図2・9に描いた。地球全体の観測だから、地上の一点で測った気温（図2・7など）と比べ、次の二点がずいぶんちがう。

① 地球表面の約七割を占める海の表層水温が、グラフの姿を大きく左右する。とりわけ一九九七・九八年と二〇一五・一六年の強いエルニーニョ（五九ページ）が、気温を一時的に激しく上げた。

② グラフには大規模な噴火も足跡を残す。成層圏に昇った火山灰は、太陽光をさえぎっ

て気温を下げる。図2・9では、メキシコ・エルチチョン噴火（一九八二年）とフィリピン・ピナツボ噴火（一九九一年）の影響がくっきり見える。

以上のことも考えに入れ、約四〇年に及ぶ「都市化を除いた大気温度」を解釈しよう。まず②の大噴火は、「少なくとも一年間は気温を〇・三～〇・五℃下げ、以後の二～三年間ほど冷却効果が尾を引いた」といわれる。それなら、強いエルニーニョが起こる前（一九七九～九七年）の気温偏差は、もしも噴火がなければ、縦軸の「〇℃」前後で横ばいに近かったかもしれない。

二つのエルニーニョにはさまれた二〇〇一～一五年は、気温偏差が〇・二℃レベルを保ち、上がった気配はほとんどない。衛星データのほか地上の気温もほぼ横ばいだったため、研究者は「温暖化の中断＝ハイエイタス」とよんで首をひねった。大気のCO_2は快調に増えていたので（図1・1）、少なくともその一五年間、地球の気温を「おもにCO_2が決めた」とみるのは苦しい。また、二〇一八年二月（右端）の気温偏差は、一五年ほど前（二〇〇一～〇五年）の値と変わりない。

まとめよう。かりにエルニーニョも火山噴火もなければ、過去ほぼ四〇年間に上がった気温は〇・二℃（一〇〇年あたり〇・五℃）程度だろう。そのほぼ半分が自然変動（次項）だったなら、人為的CO_2の効果は一〇〇年あたりせいぜい〇・三℃だということになる。

都市化の影響も「加工」もない衛星データを見るかぎり、人為的CO_2は地球の気温をわずかしか上げなかったように思える。ただし三九年間はまだ短く、結論を出すにはあと二〇～三〇年の観測が必要だろう。そのデータがそろうのを待てばよい。

自然変動

図2・1のような気温変化の原因には、「どれほど変えたか」を部外者が知りようもないデータ加工のほか、人為的CO_2と自然変動があった。CO_2排出を減らす試みは成功していないものの(4章・5章)、何か策が見つかる可能性もゼロではない(1章の「恵み」を思うと、CO_2を減らすのが「いいこと」だとは思えないが)。

かたや、人為的CO_2がほぼ無視できた一九四〇年以前の気温を左右し、いまもつづいているはずの自然変動は、抑える手段などないため、将来のいつか悪影響が出そうなら「適応」を考えればよい(4章)。悪影響が出るとしても短くて数十年、長ければ数百年スケールのことなので急ぐ必要はないし、適応用の技術は十分にある。

以下、気温が自然変動するさまの一部を眺めておきたい。

過去一万一〇〇〇年の気温変動　氷河の氷を分析し、水分子H_2Oをつくっている酸素原子Oの「同位体比」を測ると、氷ができたときの気温、つまり蒸発した海水が雪になって降ったときの気温を推定できる(こまかい説明は省くが、極地上空の気温が低いほど、「軽いO原子」の割合が

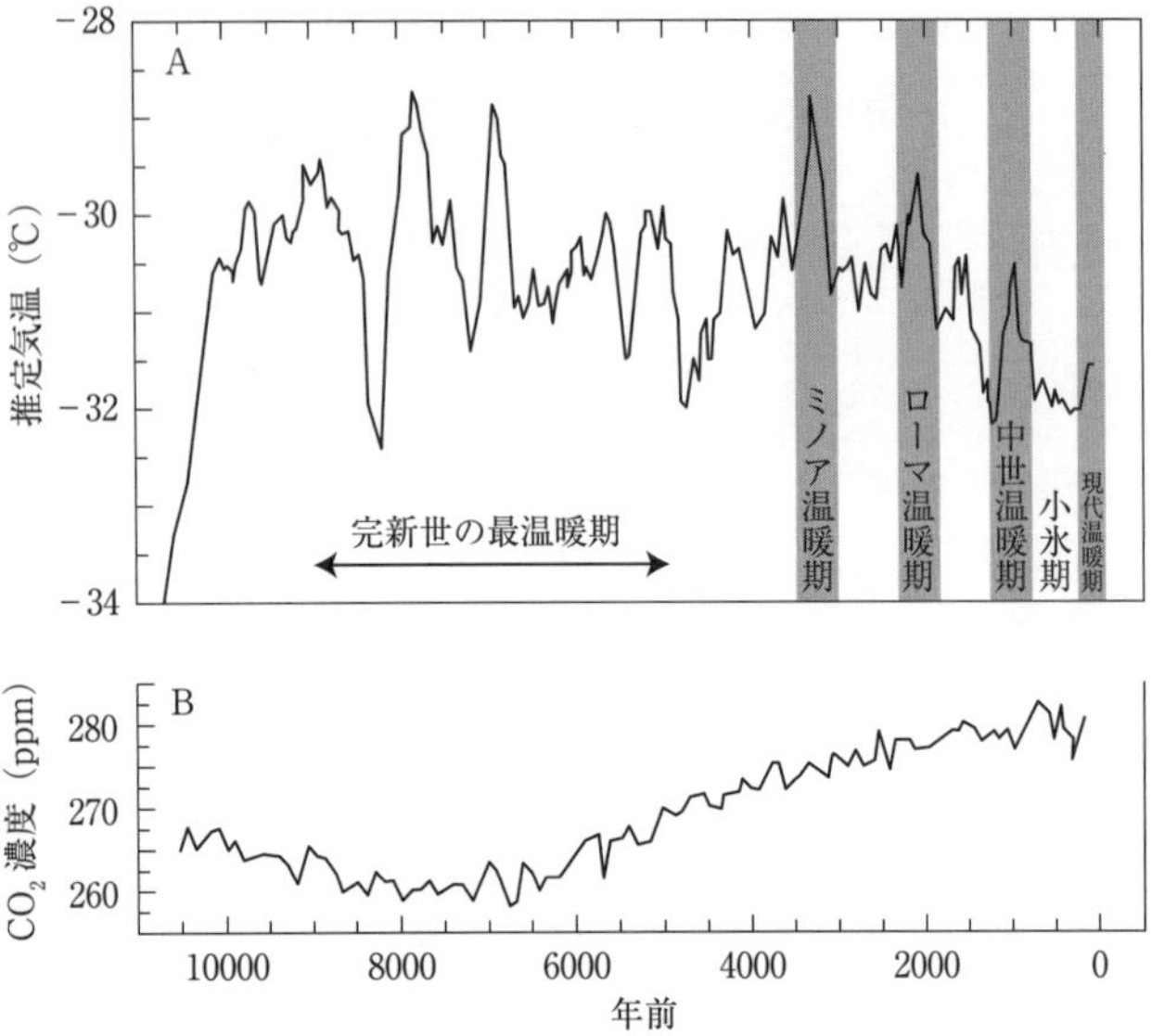

図2.10　小氷期が終わるまで約1万1000年間の気温推移(推定値)

A　グリーンランドの氷の分析で推定された北極圏の気温(右端は1940年ごろ)

B　南極の氷の分析で推定されたCO_2濃度(右端は1854年)

［原論文を含め http://www.climate4you.com/ を参照］

増す)。氷を掘って円柱形の「氷床《ひょうしょう》コア」を採取し、深さ方向の年代と同位体比を決めれば、気温がどのように変わってきたかをつかめる。

そうやって推定された過去一万一〇〇〇年(完新世《かんしんせい》)に及ぶ北極圏の気温を図2・10Aに示す。一万年ほど前に最後の氷河期が終わって間氷期に入ったあとの気温が、上がったり下がったりしながらも、大づかみには下降傾向をたどってきた。

なお北極圏の気温変動は、日本のような中緯度より二倍くらい激しいとわかっている。

そのため図2・10Aのグラフを納めた枠の天地幅（六℃）は、中緯度なら約三℃にあたる。

地球全体が暖かかった九〇〇〇～五〇〇〇年前を、完新世の最温暖期《オプティマム》とよぶ。縄文時代（一・二万～二五〇〇年前）の中期だった日本では六五〇〇～六〇〇〇年前に、海面が一〇メートル近くも上がる「縄文海進《かいしん》」が起きた（関東の内陸に見つかる多くの貝塚がその名残）。

約四〇〇〇年前からあとにあった温暖期のうち三つを、ミノア温暖期（エーゲ海のクレタ島周辺で青銅器文明が繁栄）、ローマ温暖期（ローマ帝国が繁栄。グレートブリテン島の北部でもワインを製造）、中世温暖期（グリーンランドへの植民が進行。平安時代の日本では、いまの岩手県の平《ひら》泉《いずみ》に藤原三代が繁栄）とよぶ。生活環境の温度をいじれない時代なら、食物の豊富な温かい時期に文明が栄えたのは当然だ。なお、中世温暖期が地球全体の現象だったと推定する学術論文は、四〇か国以上の研究機関から発表されている。

中世温暖期のあとは小氷期（ミニ氷河期。一三五〇～一八五〇年ごろ）になった。当時は世界各地が寒かったらしい。ロンドンでは冬にテムズ川が凍りつき、氷上で冬祭りをしたことが古い文書や絵画に残る。室町～江戸時代の日本では冷害や飢饉《ききん》がよく起きた。小氷期のあとは、気温がゆっくり上がってもおかしくない。

図2・1のグラフが、まさに「小氷期後の地上気温」を示す。約一℃と読み取れる気温上昇の原因は「自然変動」「データ加工」「人為的CO_2」

の三つだけれど、それぞれの割合も、時とともに割合がどう変わってきたかもわかっていない。とはいえ人間活動の勢いが増した第二次世界大戦後も、気温上昇には、人為的CO_2のほか自然変動も効いているだろう。

過去一万一〇〇〇年間のCO_2濃度は、南極の氷床コアの分析から図2・10Bのように推定されている。二六〇〜二八〇ppmの間でゆるやかに変わりつづけてきたが（1章一一ページ）、少なくとも「CO_2が増え、気温は下がった」過去六〇〇〇年間に、CO_2の「温暖化力」はほとんど効かなかったのだろう（本章の末尾も参照）。

気温の周期変動　地球表面の熱は、ほぼ全部が太陽からくる（ごく一部はマグマ由来の地熱）。太陽の輝度《きど》（強さ）は短期間で変わりつづけるし、長い目では太陽と惑星群の位置関係が変わる。地球の公転軌道も一定ではない。だから地球が受け取る熱も時間とともに変わっていく。

また、地球表面の七割を占める海には、水平方向の海流ばかりか、深さ方向の流れもある。深層から浮上した冷水塊は表層を冷やす。その度合いが周期的に変わるため（五九ページ）、人間活動と関係ない形で気温が変わることになる。

ナポリ大学に籍をもち米国の大学でも活動する物理学者ニコラ・スカフェッタによると、地球・惑星レベルの出来事が生む気温変動の周期には、およその長さで一〇年、二〇年、六〇年、一二〇年、九〇〇〜一〇〇〇年、二一〇〇〜二五〇〇年があるという（一六ページで触れた『二〇一七年の事実集』第3章「気候の自然変動」)。それぞれがからみ合い、気温を複雑に変化させてきた。
以下、太陽と海水のふるまいが生む一〇年~数十年周期の自然変動に注目しよう。

太陽活動　太陽表面に現れる黒点の数は、約一一年周期でゼロと数十~二〇〇個の間を行き来する。黒点がゼロのときに比べ、最大数のときに地球が受け取る熱は〇・一%(一〇〇〇分の一)ほど多い。受け取る熱の大小で変わる温度は、摂氏ではなくK(ケルビン)単位の絶対温度で考える(〇℃=二七三Kの関係があり、温度差なら一Kと一℃は等しい)。

地球表面の絶対温度はざっと三〇〇Kなので、太陽からの熱が〇・一%だけ変われば〇・三K=〇・三℃ほど動く。はっきり体感できる変化ではないものの、「一〇〇年で一℃上昇」といわれる温暖化のうちなら〇・三℃はかなり大きい。

黒点数の変動サイクルは、一七五五年に増え始めたものを「サイクル1」と決めて表す。二〇一八年の前半は、二〇〇九年に立ち上がったサイクル24の終末期だから、黒点はゼロに近い(すぐあとの図2・11)。

黒点の最大数はサイクルごとに変わるけれど、数回の強いサイクルがつづいたあと、数回の弱いサイクルがつづくことが多い。いままでのところ、サイクル2~4、8~11、18~22が強かった。数十年に及ぶ「強いサイクル群」からの熱は海水が受け取って深みにも貯まり、海水に接した空気を暖めるだろう(積算効果)。反対に、弱いサイクルがいくつかつづく数十年間なら、海水が熱を

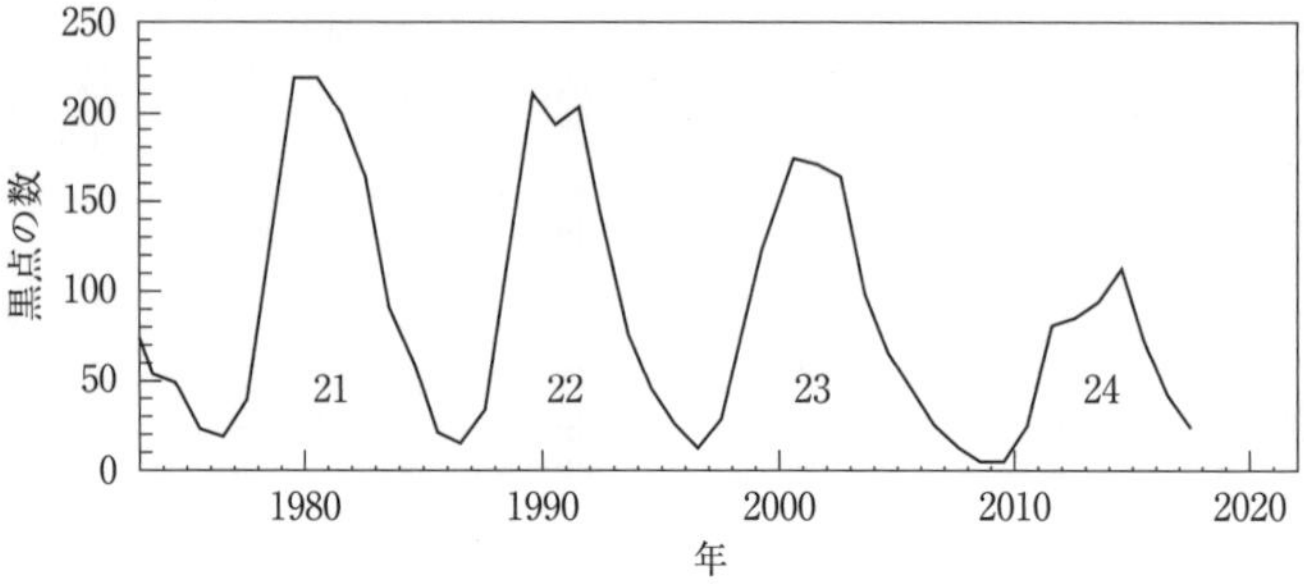

図 2.11　太陽活動サイクル 21～24 の黒点数

［http://www.climate4you.com/Sun.htm］

ゆっくりと失って気温も下がる。

黒点数がほぼゼロだった一六四五～一七一五年の七〇年間（マウンダー極小期）も、最大黒点数が五〇以下だったサイクル5と6（一七九〇～一八二〇年）の三〇年間（ドルトン極小期）も、世界各地が寒かった小氷期にあたる。

一九七七年を起点とするサイクル21～24の黒点数を図2・11に描いた。減少のありさまは、ドルトン極小期へと向かう時期に似ているため、「次の小氷期」がくると予測する研究者も多い。それもまだ推測の域を出ないものの、時代小説家としても名高い産経新聞論説委員の長辻象平氏が、二〇一七年一二月一七日の「日曜に書く」にこう述べている。

> 太陽の活動低下は、科学上の重大事であるにもかかわらず、多くの関係者にとっては〝不都合な真実〟であるらしい。……だが、多様な学説に背を向けると、旧ソ連時代の「ルイセンコ学説」の再来だ。太陽を無視した、CO^2一辺倒の取り組みの先にある将来は極

めて危うい。

同じ産経新聞が二〇一八年二月一五日の社説に、一七年の晩秋から一八年二月中旬まで日本列島を襲った寒波や、米国の東海岸を襲った大寒波、サハラ砂漠の降雪、シベリアで記録された氷点下六五℃などを紹介しつつ、太陽活動の影響を無視するＩＰＣＣの姿勢に疑問を投げ、「太陽影響説は真剣な議論に値する学説だ」と書いた。

長辻氏は二〇一八年四月八日の「日曜に書く」にも、「CO_2での温暖化は集団催眠か」と題し、東京工業大学の地球惑星科学者・丸山茂徳教授への取材をもとに、太陽活動の低下がもたらす寒冷化の脅威をわかりやすく解説している。

海水温　海水が水平方向と垂直方向の両方で見せる動きは、表層水温の周期的な変化を生み、海水に接した空気の温度を変える。そうした現象が二〇世紀の末ごろに確かめられた。表層水温の振動（周期変化）には、おもに左の二つがあるという（略語のスペルは巻末「略語表」参照）。

・大西洋の数十年規模振動（ＡＭＯ）
・太平洋の一〇年規模振動（ＰＤＯ）

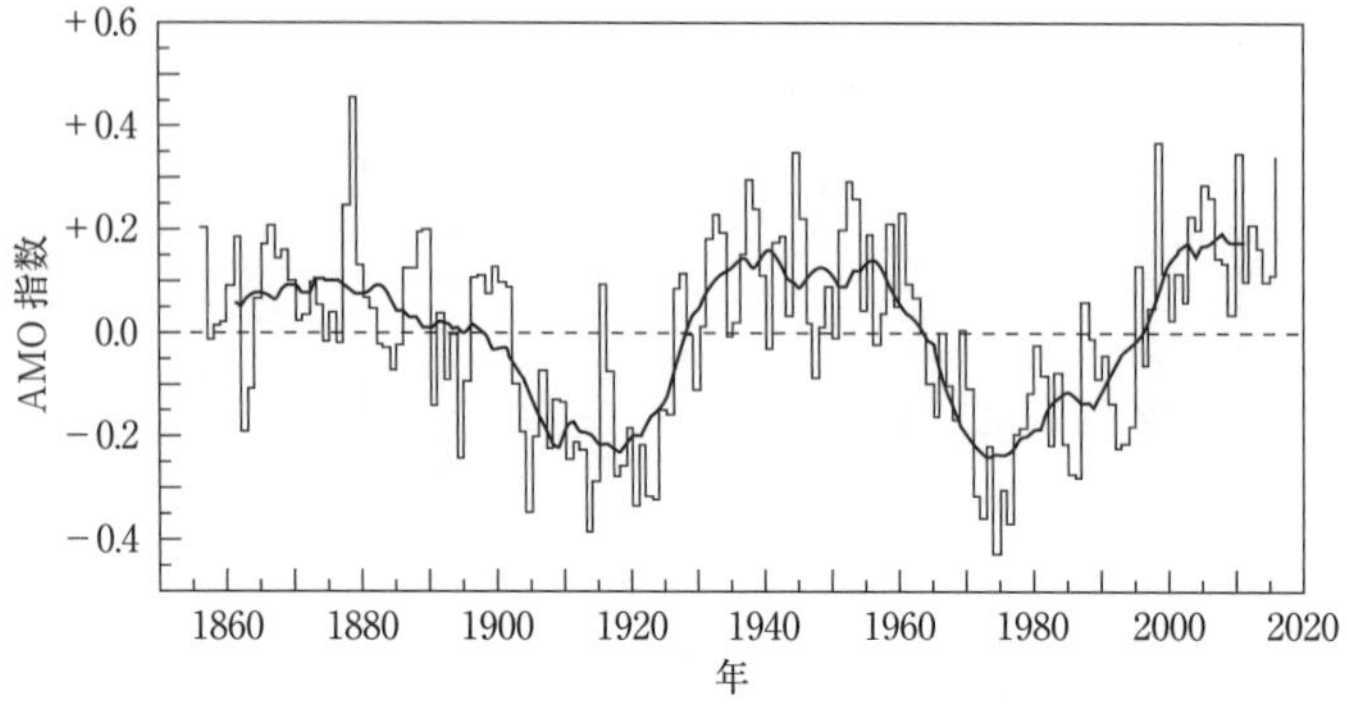

図 2.12　大西洋の海水温の数十年規模振動 AMO：1856～2016 年

［http://www.climate4you.com/］

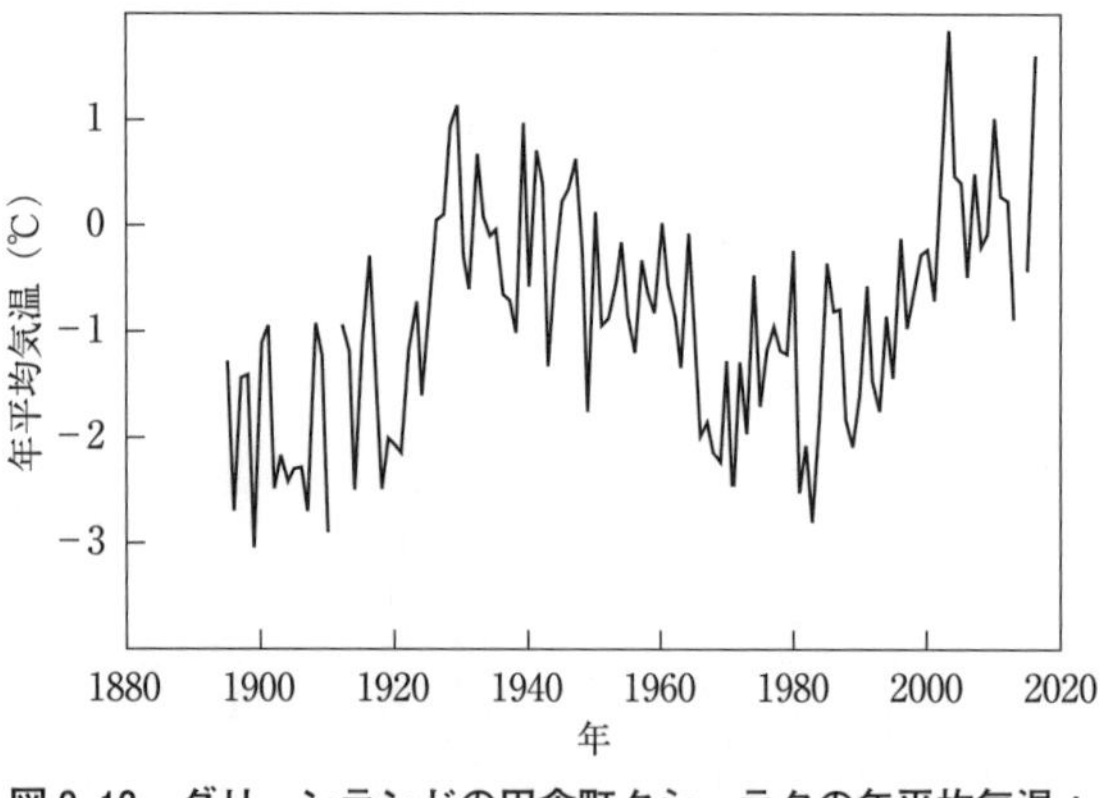

図 2.13　グリーンランドの田舎町タシーラクの年平均気温：1895～2017 年

［https://data.giss.nasa.gov/cgi-bin/gistemp/stdata_show.cgi?id=431043600000&ds=5&dt=1］

北大西洋で起きやすいAMOは周期六〇～八〇年を示し、振動のありさまをAMO指数（プラスが高温、マイナスが低温）というもので表す。一八五六年から二〇一六年までのAMO指数は図2・12のように変わってきた。

グリーンランドの大西洋岸にタシーラク（旧名アンマサリク）という町がある。GISSのサイトに見つかる同地の気温は、図2・13のような変動を示す。北緯六五度台の北極圏なので、一二〇年間に変わってきた年平均気温の幅は、米国本土ならほぼ一℃のところ（図2・6）、最高値と最低値の差が三℃に近い（五一ページ参照）。

タシーラクは人口わずか二〇〇〇人の田舎町なので、都市化の影響は小さいだろう。図2・12と図2・13を突き合わせてみれば、同地の気温推移は、おもにAMO（海水温の変化）が決める自然変動だったと思える。

不思議なことにGISSは、気温サイトにタシーラクのデータを載せながら、世界気温グラフの素材にはしていない。観測期間が十分に長く、都市化をほぼ無視できる理想的な場所の気温データを、なぜ「捨てる」のだろうか？

自然な温暖化と寒冷化

AMOと並ぶ太平洋のPDOには、周期ほぼ一〇年の振動がさらに「うねって」つづく結果、やはり五〇～六〇年の周期も浮かび上がる（図は省略）。AMOとPDOの共演が、地球の気温をおよそ六〇年の周期で上下させ、次のパターンを生むといわれる。

表 2.2 「寒冷化」時代に日本で出た書籍の一部

発行年	書名，著者，出版社
1973 年	『氷河期へ向う地球』（**根本順吉**，風濤社）
1974 年	『地球が冷える：異常気象』（小松左京他，旭屋出版）
	『異常気象を追って―11 年間の記録』（**根本順吉**，中公新書）
	『冷えていく地球』（**根本順吉**，家の光協会）
1975 年	『地球は寒くなるか』（土屋　巌，講談社現代新書）
	『氷河時代：人類の未来はどうなるか』（鈴木秀夫，講談社現代新書）
1976 年	『氷河期が来る：異常気象が告げる人間の危機』（**根本順吉**，光文社）
	『大氷河期：日本人は生き残れるか』（日下実男，朝日ソノラマ）
1977 年	『異常気象』（朝日新聞社科学部編，朝日新聞社）
	『異常気象と食糧危機のすべて』（読売新聞社解説部編，国際商業出版）
1980 年	『地球はふるえる』（**根本順吉**，筑摩書房）
1982 年	『氷河時代がやってくる』（竹内均訳，ダイヤモンド社）

注） 1988 年のハンセン発言（6 章）から「温暖化」時代に入り，翌 1989 年には**根本順吉**氏が『熱くなる地球』（ネスコ）を出して「温暖化本」の群れを先導。

・気温上昇期　一八五〇→一八八〇年、一九一〇→四〇年、一九七〇→二〇〇〇年
・気温下降期　一八八〇→一九一〇年、一九四〇→七〇年、二〇〇〇年以降（？）

図2・1を眺め直せば、そのパターンが見て取れる。こうした自然変動に加え、とりわけ一九四〇年以降は、都市化とデータ加工、人為的CO_2の三つが効いて、図2・1の姿ができ上がったと思えばよい。

ちなみに一九一〇～四〇年の温暖化時代（一〇〇年で約一・五℃上昇の勢い）には、北極海の気温が大きく上がって海氷が減り、砕氷装備のない船も楽に航行できた――という米国の新聞記事がいくつか残る。

また、地球寒冷化が騒がれた一九七〇年代から八〇年代初めにかけては、日本だけで二〇冊近い警告本が出ている（表2・2）。米国でも「寒冷化の恐怖」が科学界と政界を揺さぶったけれど、それについては6章で紹介しよう。

エルニーニョとラニーニャ　太平洋には、表層水温が示す約一〇年や数十年周期の振動に加え、エルニーニョ（スペイン語 El Niño。英語 The Child＝神の息子＝キリスト）、ラニーニャ（El Niño の女性形 La Niña）という特別な水温変動がある。

南米チリ沖合の深海では、冷たいフンボルト海流が南極海からゆっくりと北上する。赤道あたりで浮上した冷水塊が、貿易風《ふう》に押されて西のほうへ向かい、太平洋の中央部を冷やす。貿易風の勢いは弱まったり強まったりし、弱まったときは冷水が浮上しにくくなって表層水温が上がる（キリストの祭＝クリスマスのころに起きやすいエルニーニョ）。反対に貿易風が強まると、気流に「吸い出された」冷水塊が表層水温を下げる（ラニーニャ）。

エルニーニョとラニーニャはほぼ交互に繰り返し、一九五一〜二〇一七年の六七年間に強弱あわせて一七のペアが発生した（平均周期四年）。そのうち、一九九七・九八年のエルニーニョは二〇世紀のうち最強で、世界各地に高温をもたらしている。また、二〇一五・一六年にも強いエルニーニョが発生し、二〇一五年一二月の北半球を大暖冬にした（両方のピークが図2・9にくっきり見える）。強いエルニーニョは、以後しばらく太平洋の表層水温を高く保つため、発生したあとに気温のほうも高止まりさせやすい。

以上のとおり地球の気温は、CO_2と関係ない自然要因で変動する。IPCCの気温グラフ（図2・1）が過去の自然変動をどれほど含むのかはまだわからないし、未来はもっとわからない。

未来の予想――地球の気温とCO_2

かりに大気がなければ地球の平均気温は氷点下一八℃となり、生命も生まれようがなかった。現実の平均気温は約一五℃とみてよいから、大気は三三℃分の温室効果を示す。うち九〇〜九五％までを水蒸気が担うので、CO_2は一〜三℃分だけ地球を快適にしている。

大気のCO_2濃度は今後しばらく増えつづけ（1章）、地球の気温を少し上げるだろう。物理の理論で考えると、温度の上昇幅は「CO_2濃度」に正比例せず、濃度が高くなるほどCO_2の「効きかた」が弱まっていく。そのため、CO_2排出の勢いが現状のままつづくとしても、二一〇〇年までに上がる気温は一℃未満とみる人もいる。一℃未満の上昇なら、心配な話ではない。

IPCCは第五次報告書に図2・14を載せた（メディアが好んで使うグラフ）。CO_2排出の勢いがこのままつづき、二一〇〇年までに濃度が八〇〇〜一二〇〇ppm（現在の二〜三倍）になるとした計算値を表し、上昇幅は二・八〜五・二℃の範囲で、中間値が四℃だという。温暖化関係のニュースになるとNHKもよく「二一〇〇年に四℃上昇」をもち出す。

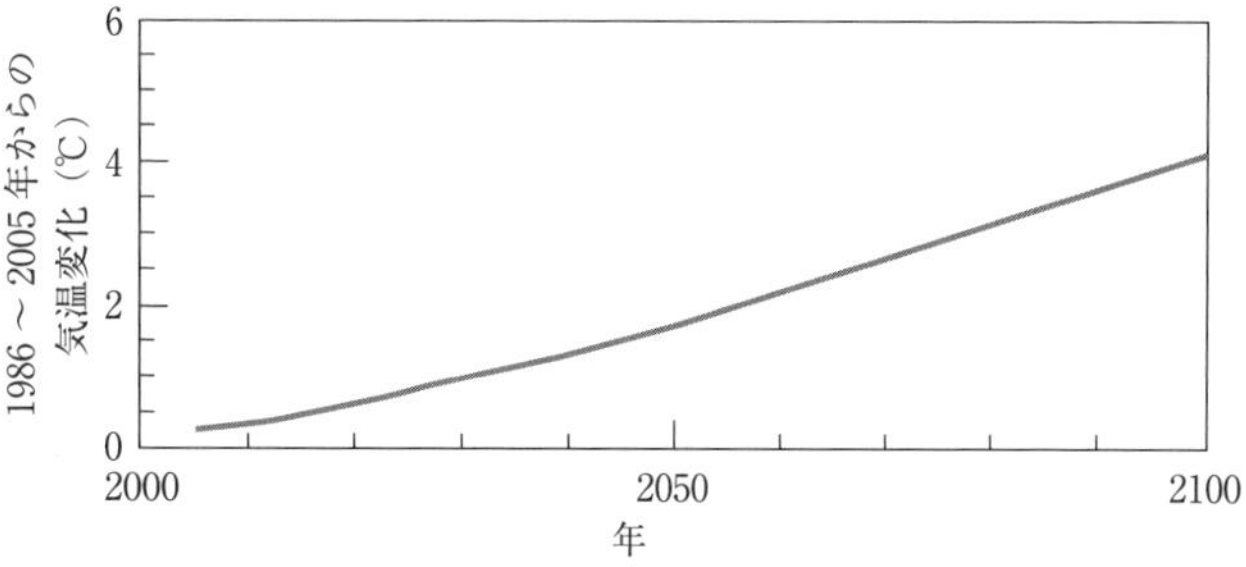

図2.14　IPCCが第五次報告書に載せた世界気温の将来予想
［https://www.ipcc.ch/pdf/assessment-report/ar5/］

シミュレーションの成否　図2・14は、気候モデルに基づくコンピュータ予想（シミュレーション）の結果を表す。ある現象を支配する物理法則が全部わかっていて、どれも数式に書けるとき、数式をプログラム化して適切なデータを入れれば、信頼度の高い答えが出る。

四五年ほど前の学生時代、幼稚なシミュレーションをした経験がある。食塩水に電極二本を浸し、電圧をかけるとしよう。筋のいい数式を使うと、たとえば○・一秒後に電極から○・○一ミリメートルの位置で、ある物質の濃度がいくらになるか計算できる（実測はほとんど不可能）。時間をずらしつつ計算を繰り返せば「電流と時間の関係」がわかり、それが実測にぴたりと合って、ささやかな論文と国際会議発表につながった。

だが地球が相手だと手探りになる。つかめていない現象も多く、いくつもの要因が働き合って「1＋1＝2」の世界ではなくなるし、「人間活動のない地球」の観測や測定（対照実験＝コントロール実験）がありえないという弱みもある。いきおい、よさそうな数式を仮定した試行錯誤をするしかない。そして、何かの値を少しいじれば「望みの結果」が出たりする。

気温のシミュレーション結果は、二〇世紀の末から一〇〇件以上も発表されている。全部の結果を平均すると、一九七五～二〇一七年に気温は一℃ほど上がるはずだった。現実はその半分もなかったから（図2・1、図2・9）、まだシミュレーションを信頼できる時期ではない。

そんな実情をみて二〇〇七年にニュージーランドの大気研究者オージー・アウアーが、気候シミュレーションを「プレイステーション3に毛が生えたようなもの」と酷評している。

表 2.3　気候感度の見積もり例

気候感度	発表者（年）
中央値 3 °C 以上	
1.5 ～ 4.5 °C	チャーニー報告（1979）
1.5 ～ 4.5 °C	**IPCC 第一次報告**（1990）
1.5 ～ 4.5 °C	**IPCC 第二次報告**（1995）
1.5 ～ 4.5 °C	**IPCC 第三次報告**（2001）
2.0 ～ 4.5 °C	**IPCC 第四次報告**（2007）
1.5 ～ 4.5 °C	**IPCC 第五次報告**（2013）
中央値 2 ～ 3 °C	
1.3 ～ 3.8 °C	オットー他（2013）
1.3 ～ 3.4 °C	アルドリン他（2012）
中央値 1 ～ 2 °C	
1.0 ～ 3.0 °C	ルイス（2013）
0.7 ～ 2.3 °C	スカフェッタ（2013）
約 1.2 °C	スペンサー他（2013）
約 1.1 °C	クリスティー他（2017）
中央値 1 °C 未満	
0.7 ～ 1.0 °C	リンゼン他（2011）
0.33 °C	ライトフット他（2014）
0.26 °C	ローブロー他（2013）

［おもに C. D. Idso（J. Marohasy, Ed.），“*Climate Change: The Facts 2017*”, Chap. 13, Connor Court Publ.（2017）より］

気候感度　ふつう気温変化の予想では、ある量に注目する。「CO_2濃度が倍増したときに気温はいくら上がるか」を表す量で、それを「気候感度」という。気候感度の信頼度が高いほど、コンピュータ予想の信頼度も高い。

『二〇一七年の事実集』第3章と第11章に、いままで提案された気候感度がまとめてある。その一部を表2・3にした。

表中で冒頭の「チャーニー報告」は、一九七九年に米国科学アカデミーの特設委員会がまとめた（チャーニーは委員長の名）。同委員会を糸口とした形で九年後に生まれ、人為的CO_2脅威論を世に広めたいIPCCが、「一・五～四・五℃（中央値三℃）」を安直に引き継いだのかもしれない。だとすればIPCCが使う気候感度は、三五年もの間、多くの研究者がおびただしい計算時間と巨費をつぎ込みながら、信頼度をほとんど上げてこなかった。

そういうあやふやな予想（図2・14）をもとに莫大な資源を使って進める温暖化対策が、まともな営みのはずはない（4章・5章）。

気候感度が一℃以下なら、二一〇〇年までに人為的CO_2が上げる気温は、やはり一℃くらいだろう。小氷期（五一ページ）からの回復を表す自然変動（一℃未満）が加わっても、気温上昇の進みはゆっくりだから、科学技術が進んだ現在、適応はむずかしくない。気候感度が〇・三℃程度（表中の最後二行）だとわかれば、むろん放っておけばすむ。

なお、米国のマサチューセッツ工科大学とNASA、日本の海洋研究開発機構で研究歴のある中村元隆氏によると、「優秀な気候科学者の共通認識」として、気候感度は〇・五℃程度だという（『正論』二〇一八年二月号）。氏の見解が正しいとすれば、IPCCの気候感度（表2・3）は現実より三～九倍も大きいことになる（氏の見解は6章一九〇ページにも紹介）。

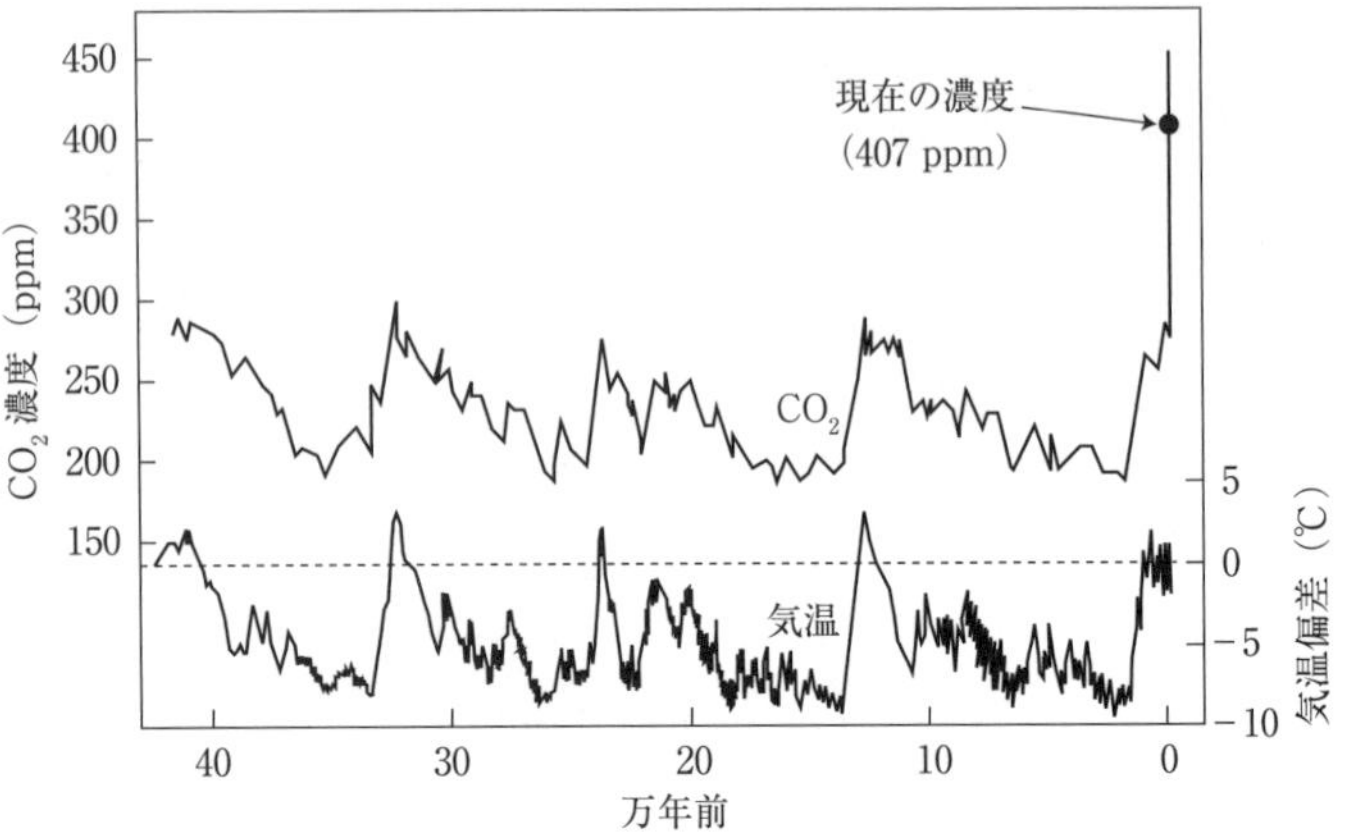

図 2.15　過去 42 万年間にわたる CO_2 濃度と気温の推定

［euanmearns.com/the-vostok-ice-core-temperature-co2-and-ch4/ などから作図］

温故知新　完新世（図2・10）より古い時代についても、CO_2濃度と温度の関係を見ておこう。過去四二万年に及ぶ南極の氷床コア分析から推定されたCO_2濃度と気温を、図2・15に示す。CO_2濃度の曲線には、ごく最近の値（1章の図1・1）をつなげてある。図2・10の左右をぎゅっと押し縮めたものが、図2・15の右端あたりだと思ってよい。

過去四二万年の推定値が正しければ、間氷期のピーク（約三二万年前、二四万年前、一三万年前）にあたる気温は、いまの値（水平な破線）より一〜二℃くらい高かった。そのときCO_2濃度はいまよりだいぶ低かったので、単純に「CO_2が温暖化を起こす」わけでもないとわかる。ちなみに、CO_2濃度が一五〇ppmを切っていたら植物が全滅し、生物圏はイチからやり直しだったろう。一五〇ppm以上に踏みとどまった幸運を

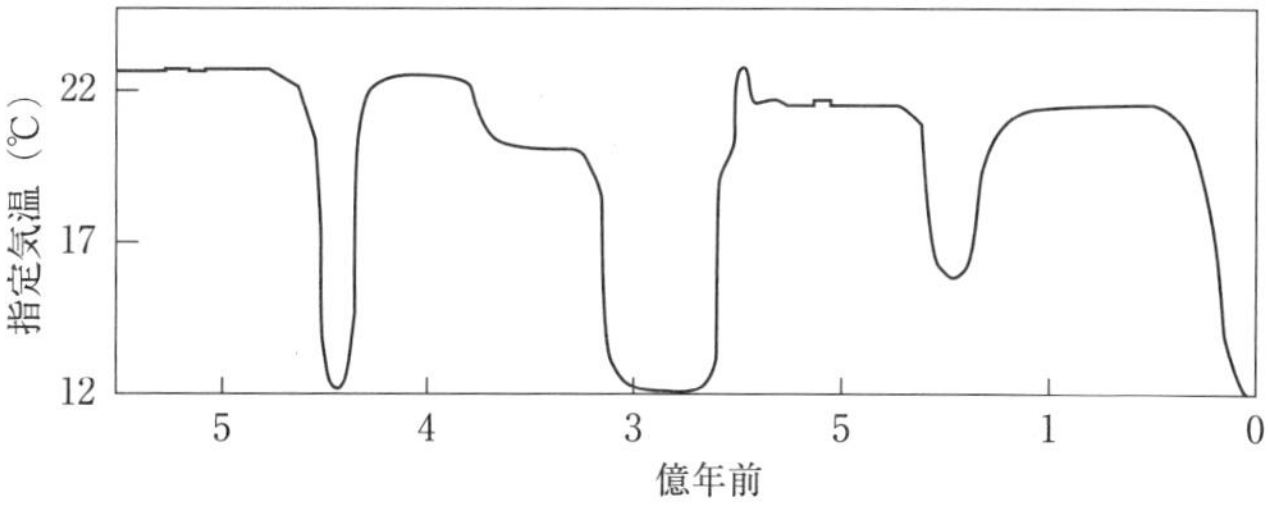

図 2.16　過去 5.5 億年にわたる気温の推定値

［C. R. Scotese *et al.*, *J. Afr. Earth Sci.*, **28**, 99（1999）］

喜びたい。

なお図2・15は、米国の元副大統領アル・ゴアが二〇〇六年の書籍と映画『不都合な真実』で「CO_2が地球を暖める」証拠に使ったけれど、以後の研究により因果関係は「まず気温の変化が起き、数百年かけてCO_2濃度が変わった」とわかっている。気温が上がれば海水からCO_2が出て、下がれば海水にCO_2が溶け込むからだ。

もっと古い時代はどうか。1章の図1・2と同じ五・五億年の時間枠で、気温の推定値を図2・16に描いてある。なにしろ大昔だから図2・15より信頼度は低いだろうが、図1・2と図2・16を見比べてみよう。たとえばCO_2が現在の何倍も濃かった約四・五億年前に気温が急降下して氷河期になったことだけでも、やはり安直な「CO_2による地球温暖化」説は疑わしい。

このように地球の気温は、過去どのように変わってきたのかも、どんな要因がいくら変えてきたのかも、今後どう変わっていきそうかも、まだ闇の中だといってよい。気温変化の要因が一〇〇パーセント人間活動だとしても、一生涯のうちに体感さえできないレベルだから、あわてふためく必要はない。長辻氏（五四ページ）も見抜いたとおり、「CO_2一辺倒の取り組みの先にある将来は極めて危うい」。

3章　地球の異変——誇大妄想

溢《あふ》れ出る〈事実〉という水流に圧《お》されて、幻想の堤防が決壊してゆく。

宮部みゆき『悲嘆の門』

メディアの姿勢

温暖化は地球に異変をもたらす——という調子の報道が多い。二〇一七年の後半に出合ったおびただしい新聞記事のうち、三つだけを抜粋で引用しよう。

ゲリラ豪雨や竜巻、寿命が長すぎる台風など、異常気象に関するニュースは絶えることがない。常態化する異常現象は、いずれ「異常」と呼ばれなくなるだろう。……このような状況を前にして私たちの脳裏に浮かぶのは、「温暖化」という言葉であろう。（朝日新聞八月一八日「月刊安心新聞」欄、客員論説委員・神里達博氏）

二酸化炭素など温室効果ガスの排出量は跳ね上がり、それが主因とみられる温暖化が進む。

極地の氷は解け、海面は上昇し、多発する洪水や干ばつが新たな貧困を生んで、紛争やテロの種をまく。（朝日新聞八月二〇日「日曜に想う」欄、編集委員・福島申二氏）

同国（引用者注：フィジー）は、地球温暖化に伴う海面上昇や気象災害のリスクにさらされており、二〇一五年採択のパリ協定には世界で初めて署名。……フィジー付近の海面水位は一九九三年以降、毎年平均約六ミリずつ上昇してきたとされる。（毎日新聞一一月七日）

こうした現状認識や将来予測は、どれほど正しいのだろうか？

情報の質　気象観測の結果は各国の機関が統計データにまとめる。現地調査などの結果は研究者が、解釈を交えつつ論文にする。いまや大半がネットで読めるため、ネット情報を突き合わせれば、地球の気候がどう変わってきたかわかる……のか？

気象や気候の情報には、さまざまなものがある。信号の色でいうと、赤（危険）から青（安心）まで幅が広いし、あやしい情報（たとえば「異常気象」）も多い。赤信号の類だけ寄せ集めると、さっきの新聞記事のようなホラー話ができ上がる。ローカル現象の刺激的な映像を見せながら地球全体に広げて語るのはテレビの得意技だが、そんな情報も鵜呑《うの》みにはできない。

赤信号と青信号の見分けを助けるものの一つが、気温の周期変動（五二ページ）だろう。五〇～

一〇〇年以上の周期で起こる現象なら、四〇年程度の観測データ（たとえば「極地の海氷面積」）は、たまたま一方向の変化をとらえただけかもしれない。

また、未熟なシミュレーションが吐き出す温暖化の未来予測には、互いに正反対のものも多い。6章一八五ページで紹介するモラノ氏の近著によると、学術論文に書かれたそんな予測には、五大湖周辺の降雪が「増す」と「減る」、北大西洋のハリケーンが「増す」と「減る」、英国の降水量が「増す」と「減る」……など三〇以上の例があるという。

以上のことを心に眺め渡すと、確実な「赤信号情報」はほとんど見つからない。信頼できそうなデータに頼りつつ、異変といわれるものの一部を解剖しよう。

異常気象が増えている？

題名に「異常気象」を使った和書は、二〇一五年以降の三年間だけでおよそ二五冊も出版され、二〇〇七年以降なら五〇冊を超す。地球史の逸話として異常気象を紹介するごく一部を除き、赤信号情報で織り上げた温暖化ホラー本の群れだといえる。

なお、地球寒冷化騒ぎの一九七〇年代にも、異常気象を警告した人が多い（2章の表2・2。米国の状況は6章参照）。たとえば気象庁の予報官だった根本順吉氏が一九七四年、『冷えてゆく地球』の「はじめに」にこう書いた。

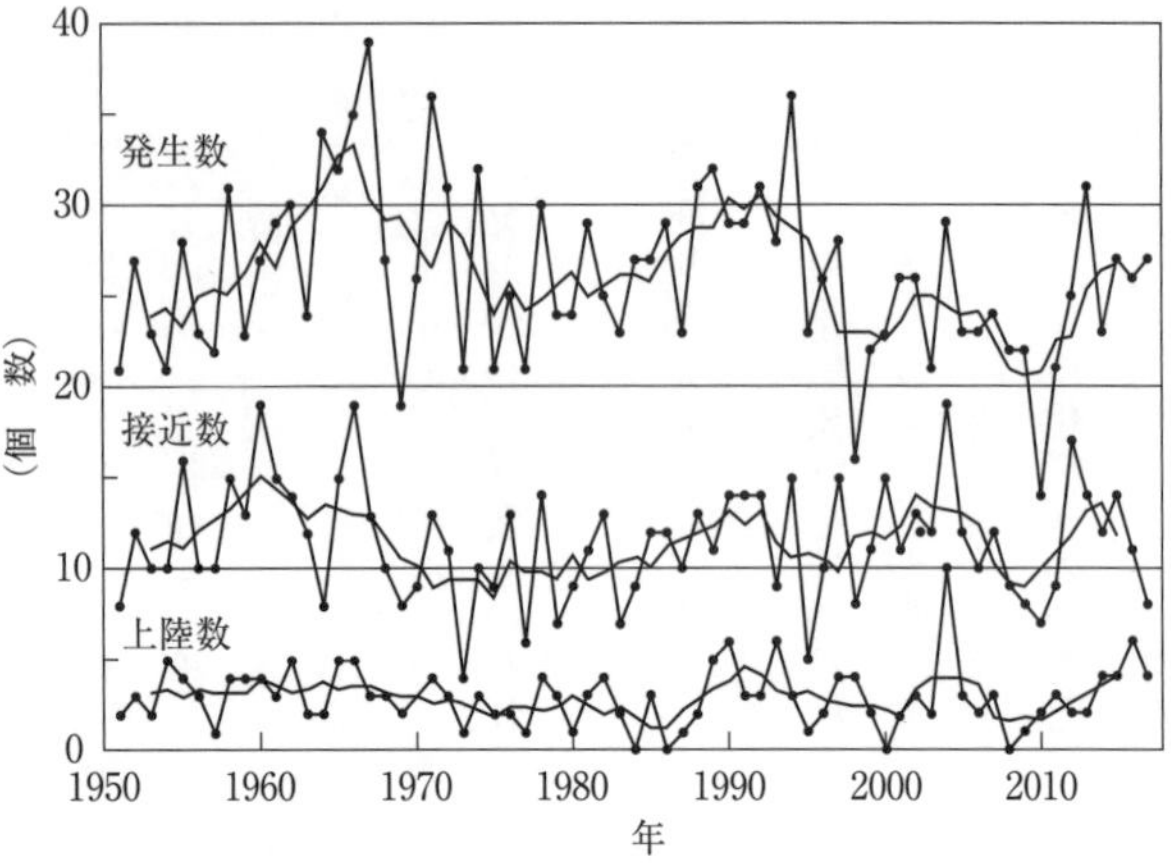

図 3.1　台風の発生数・接近数・上陸数：1951～2017 年
観測数（—●—）と 5 年移動平均（——）
[http://www.jma.go.jp/jma/press/1712/21e/typhoon2017.pdf]

異常気象や気候変動の原因は、現在なお不明な点が多い。しかし原因は不明なまま、その影響は世界の人たちの生活に及んできている。……緊急な臨床的問題としてこれに対処してゆかねばならない。

昨今の温暖化本や温暖化報道でも、これと瓜二つの表現によく出合う。

日本の台風　近ごろは台風が来るたびに、テレビでキャスターや気象予報士が地球温暖化をもち出して解説する。だが観測事実を見るかぎり、そんな物語はつくれそうにない。

気象庁は台風の正式な統計を一九五一年からとり始めた。ホームページにある「発生・接近・上陸数」のグラフを図3・1に示す。先入観なしに眺めれば、台風が近ごろ多発するよう

表3.1　人的被害が出た台風の例

気圧の単位 hPa（ヘクトパスカル）＝mb（ミリバール）

台風の呼び名	年	上陸時の気圧（hPa）	死者・行方不明
沖永良部台風	1977	907	1名
宮古島台風	1959	908	99名
室戸台風	1934	912	3036名
平成15年台風14号	2003	912	3名
枕崎台風	1945	916	3756名
第二室戸台風	1961	918	202名
平成18年台風13号	2006	924	10名
平成16年台風18号	2004	924	45名
伊勢湾台風	1959	930	5098名
狩野川台風	1958	960 *	1296名
カスリーン台風	1947	970	1930名

＊　最接近時の気圧（上陸せず）

になった気配など読み取れない。

一九五一年より前の台風にも、規模や被害のわかっているものが多い。人的被害の出た一一個を、勢力（気圧の低さ）順に並べると表3・1ができる。

死者・行方不明者数で群を抜く室戸・枕崎・伊勢湾台風（昭和の三大台風）は、五〇〜八〇年前にそれぞれ四国・九州・本州を襲った。むろん台風の被害は防災体制で変わるけれど、表3・1を見るかぎり、台風が近ごろ勢いを増した形跡もない。

なお、二〇一三年一一月にフィリピンを襲った台風三〇号（ハイエン）は、八九五ヘクトパスカルもの低い気圧で上陸し、八〇〇〇名近い死者・行方不明者を出した。被害の少なくとも一部は、お粗末な避難情報と低い防災意識、対策の遅れのせいとみる人が多い。高い海水温が台風の勢いを強めたのだろうが、地球温暖化のせいかどうかはわからない。

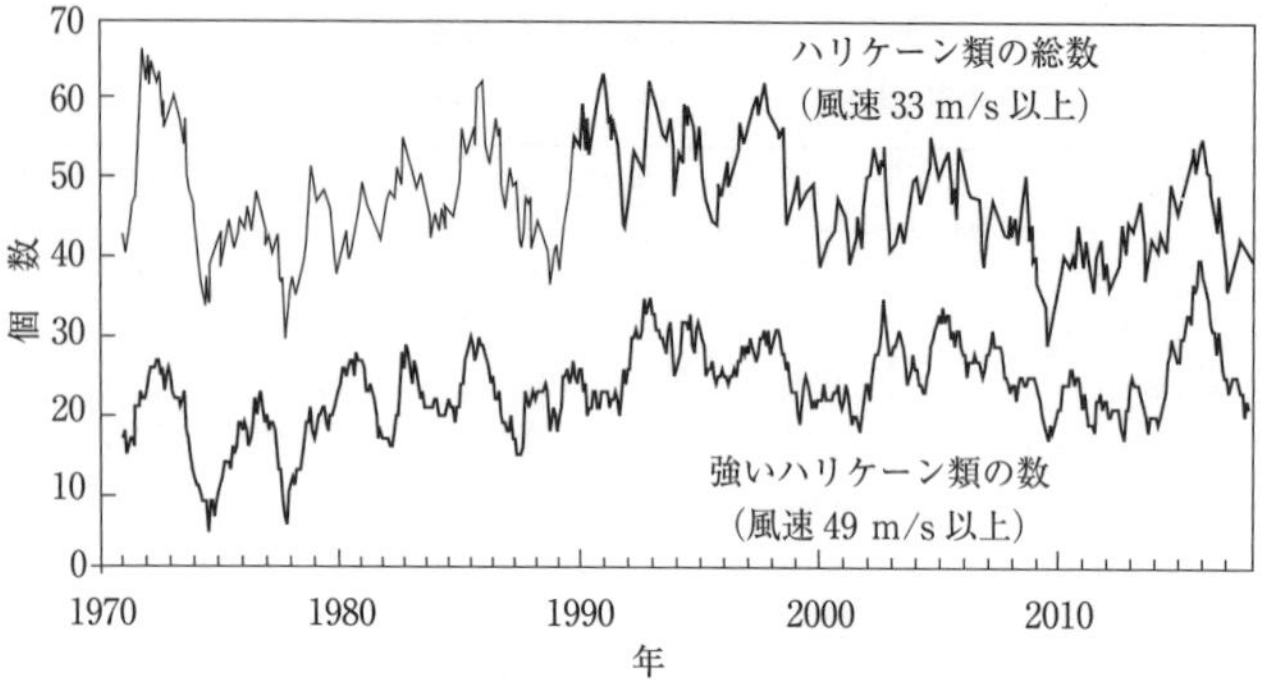

図 3.2　全世界で発生したハリケーン類の個数：1971 年〜2017 年 12 月

［http://wx.graphics/tropical/］

地球全体のハリケーン類　強烈な低気圧（ハリケーン類）は、発生海域が西太平洋なら台風、オーストラリア近海やインド洋ならサイクロン、北東太平洋と大西洋ならハリケーンとよぶ。一九七〇年からハリケーン類の衛星観測をつづけてきたフロリダ州立大学の気象学者ライアン・マウイー教授が、台風とサイクロンも含めた二〇一七年末までの総発生数を、強いものと「全部」に分けて図3・2の形にまとめた。

ハリケーン類の勢力が強まった形跡はない。マウイー教授は、同じ期間にわたるハリケーン類の総エネルギーもグラフ化している（図示は略）。年ごとの変動はあるものの、やはりハリケーン類が狂暴化した気配はないし、北半球と南半球の差も見えない。

二〇一七年の八月末から九月にかけてカリブ海諸国と米国を襲い、大きな被害をもたらした三個のハリケーン「ハービー」「イルマ」「マリア」も、朝日新聞やＮＨＫは地球温暖化にからめて報じたが、温暖化は無関係とみ

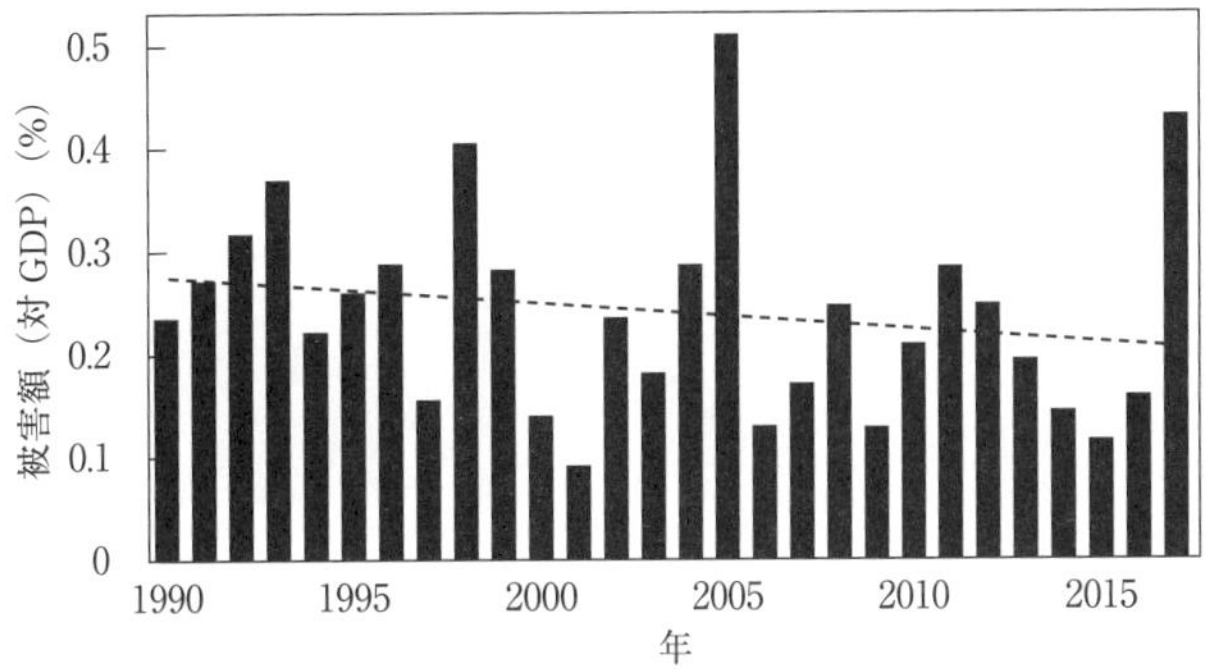

図3.3　総GDPに対する世界気象災害の被害額：1990～2017年
［https://theclimatefix.wordpress.com/2017/］

る研究者が多い。また、二〇一六年の統計解析によればハリケーン類の発生数は、秋口の海水温が高い時代より、低い時代のほうが多いという。

暴風を伴う気象現象には竜巻もある。米国の海洋大気庁（NOAA）が発表している米国本土の統計を見ると、一九五四年から現在までの六〇余年、竜巻の総数も、強い竜巻や猛烈な竜巻の数も、ほぼ横ばい（やや減りぎみ）で推移してきた。つまり竜巻も、地球温暖化のせいで増えているわけではない。

気象災害の損失額　米国コロラド大学の統計学者ロジャー・ピールキ教授が、国連やミュンヘン再保険会社の公表データから、一九九〇～二〇一七年の二八年間につき、気象災害の損失額が世界の総GDPの中に占めた割合をグラフ化している（図3・3）。

カリブ海沿岸でハリケーン被害の大きかった二〇〇五年と二〇一七年を含めても、被害規模は減少傾向にある。

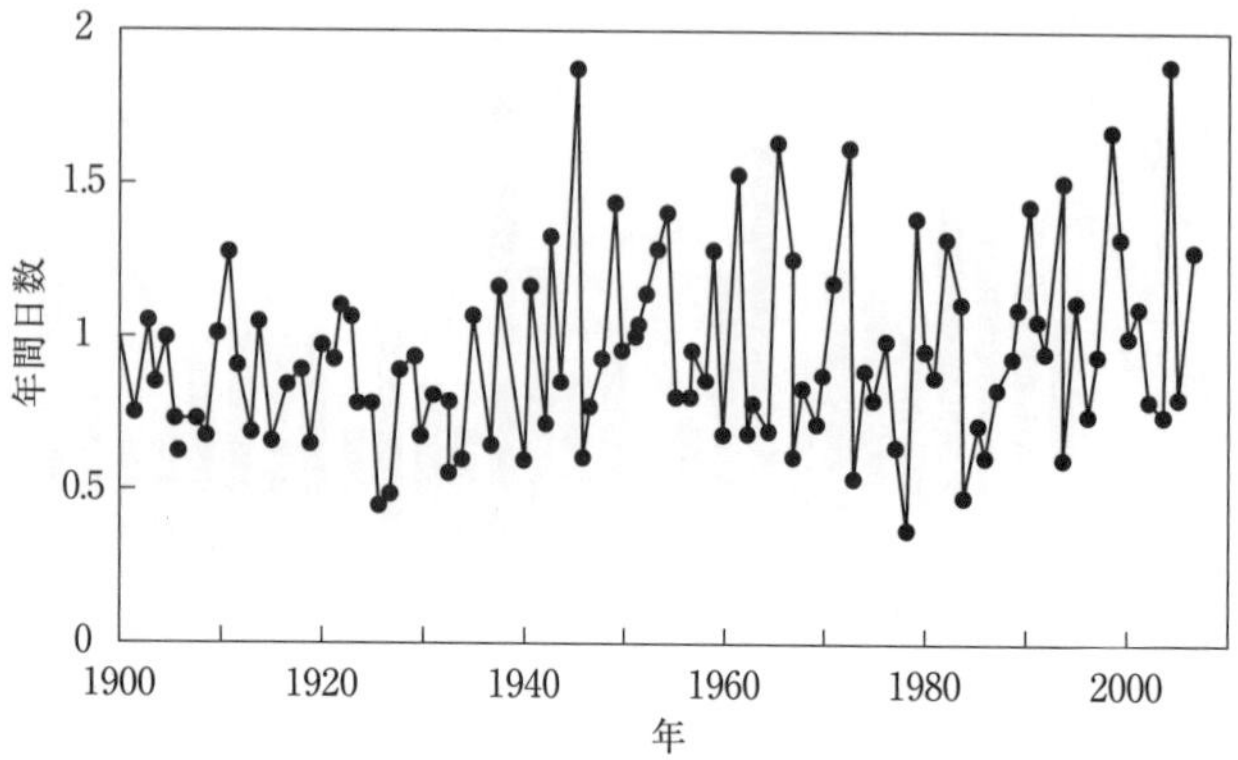

図 3.4　降水量 100 mm 以上の日数（1 観測点あたり）：1900～2006 年
［http://www.data.jma.go.jp/cpdinfo/riskmap/heavyrain.html］

とはいえ、統計期間はまだ短いし、偶然性も高いだろうから、特別な傾向はないとみるのが順当だろう。

降水量・乾燥化など　昨今は、ちょっとした大雨を「ゲリラ豪雨」や「異常気象」とよぶ人が多い。大雨は昔からしじゅう降ったが、降水量の統計はどうなっているのか。気象庁はホームページの「異常気象」欄に図3・4を載せ、「二〇世紀初頭の三〇年間に比べ、最近の三〇年間で降水量一〇〇ミリの日数が約一・二倍に増えました。地球温暖化が関係している可能性があります」と書く。

けれど、世界のCO_2排出が激増した一九四〇年以降も、IPCC報告書の気温グラフ（図2・1）が急上昇を示す一九七五年以降も、降水量一〇〇ミリメートル以上の日数が増えた気配はない（気象庁担当者の心眼には「温暖化との関係」が見えるのか？）。

洪水被害のほうも昔からおなじみだったが、もし近

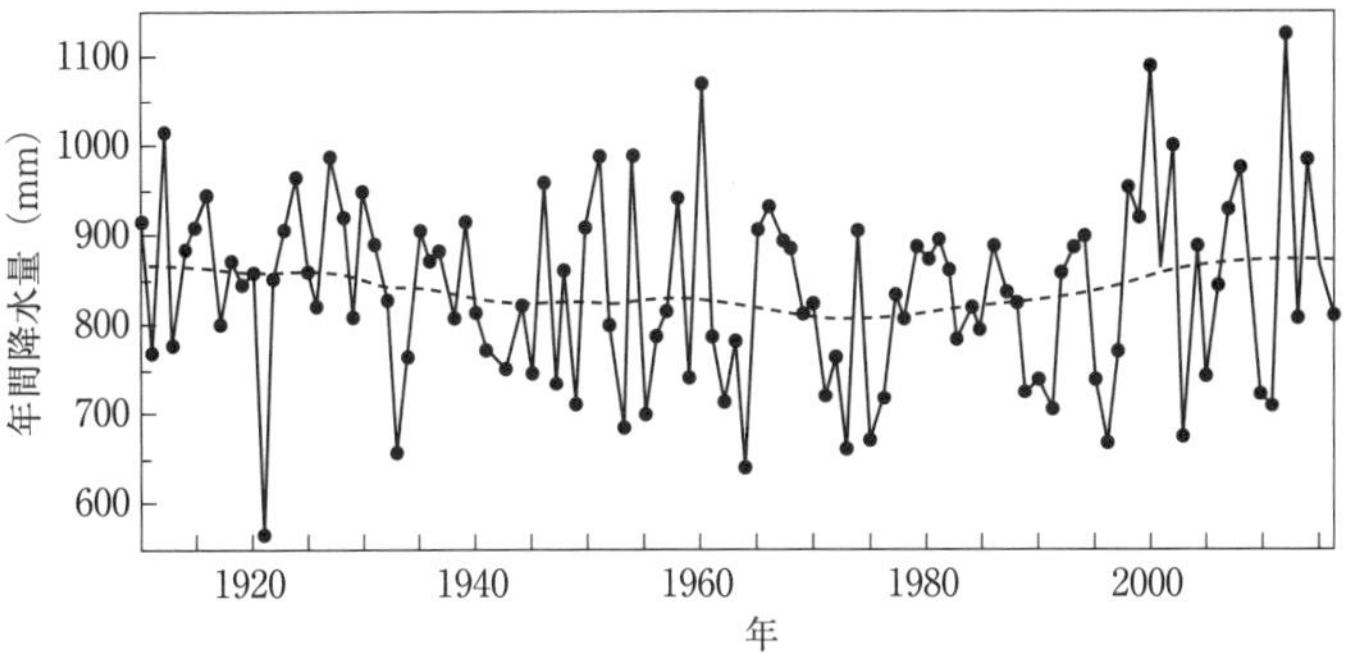

図3.5　イングランドの降水量：1910～2016年

［https://www.metoffice.gov.uk/climate/uk/summaries/actualmonthly］

ごろ増えているなら、都市人口の増加に応える斜面の宅地開発とか、手入れせずに放置された山林の保水力低下や、中小河川の整備不良、メガソーラーの建設で進む森林伐採（5章）などが原因ではないか？

英国気象庁が公表しているイングランドの降水量（図3・5）も、はっきりしたトレンドを見せていない。

米国の環境保護庁（EPA）が、地つづき四八州の「乾燥度」をグラフ化している（図3・6）。乾燥度は「パーマーの干ばつ指数」というもので表し、値がマイナスで大きいほど乾燥度が高い。EPAの説明文には「二〇〇〇～二〇一五年は国土の乾燥が異常に進んだ」とあるけれど、私の目には、一二一年間にわたって上下動を繰り返してきただけのように見える。

『ネイチャー』誌二〇一七年三月一三日号の論文によれば、一九八二～二〇一二年の三一年間、地球表面の干ばつ率はやや減りぎみで推移してきた（『二〇一七年の事実集』第14章）。

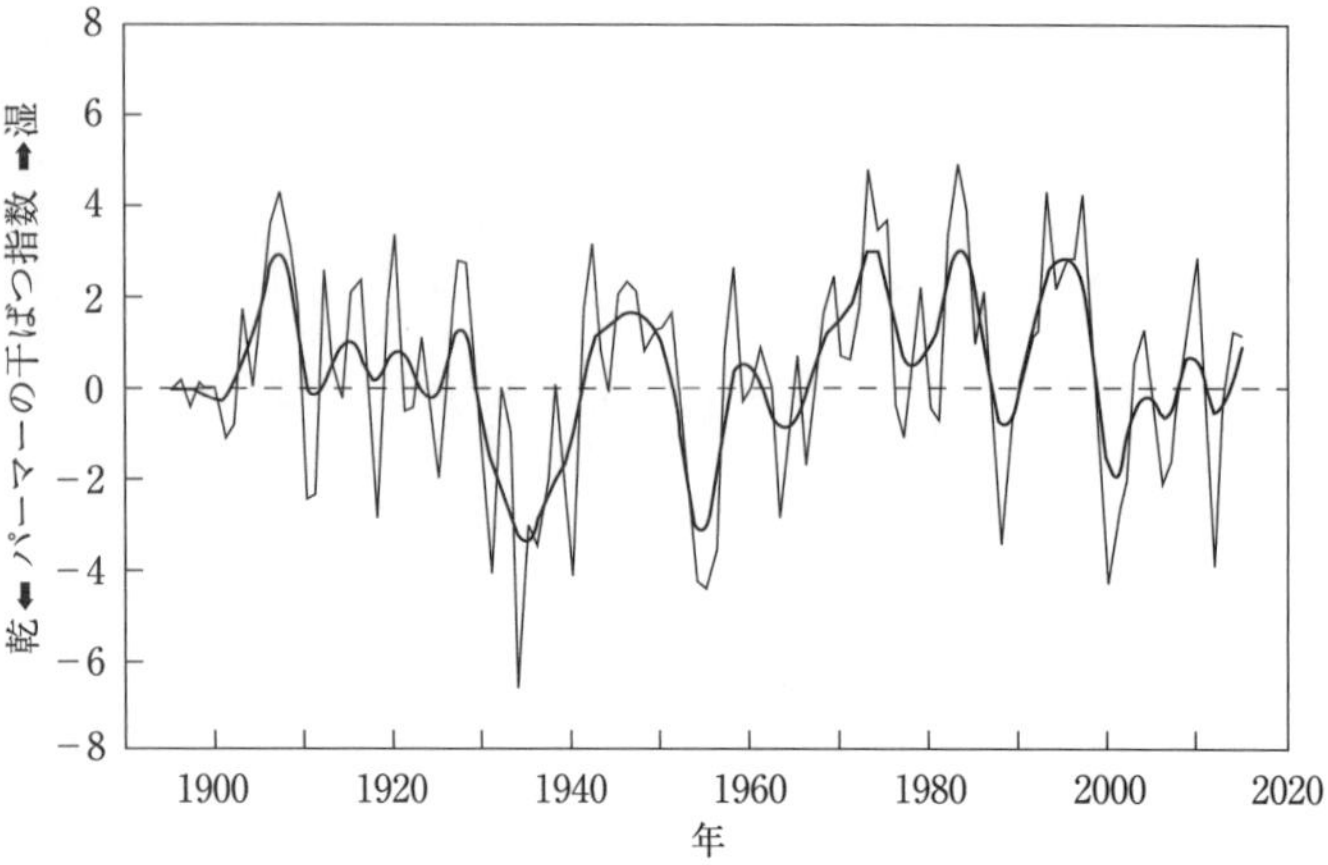

図 3.6　米国 48 州の乾燥度：1895〜2015 年

［https://www.epa.gov/climate-indicators/climate-change-indicators-drought］

以上のようなデータに「赤信号」はほとんど認められない。メディアや一部の識者がいう「異常気象の増加」は、どこをどう叩けば出てくるのだろう？

ＩＰＣＣも、「過去五〇〜一〇〇年のうちハリケーン類や竜巻、干ばつ、洪水などが増えた明確な証拠はない」と二〇一三年の第五次報告書に述べた。また二〇一八年三月三日の朝日新聞「異議あり」欄では静岡大学の災害科学研究者・牛山素行教授が、日本の豪雨・台風被害は減りぎみだと断じ、「本当に被害が増えたと思い込んでいる研究者」への違和感を吐露している。

なお統計学者のロンボルグ（一一六ページ）によると、気象災害による世界の年間死者数は、一九二〇年代の四〇〜五〇万人から二〇一〇年代の三〜四万人へと激減してきた。

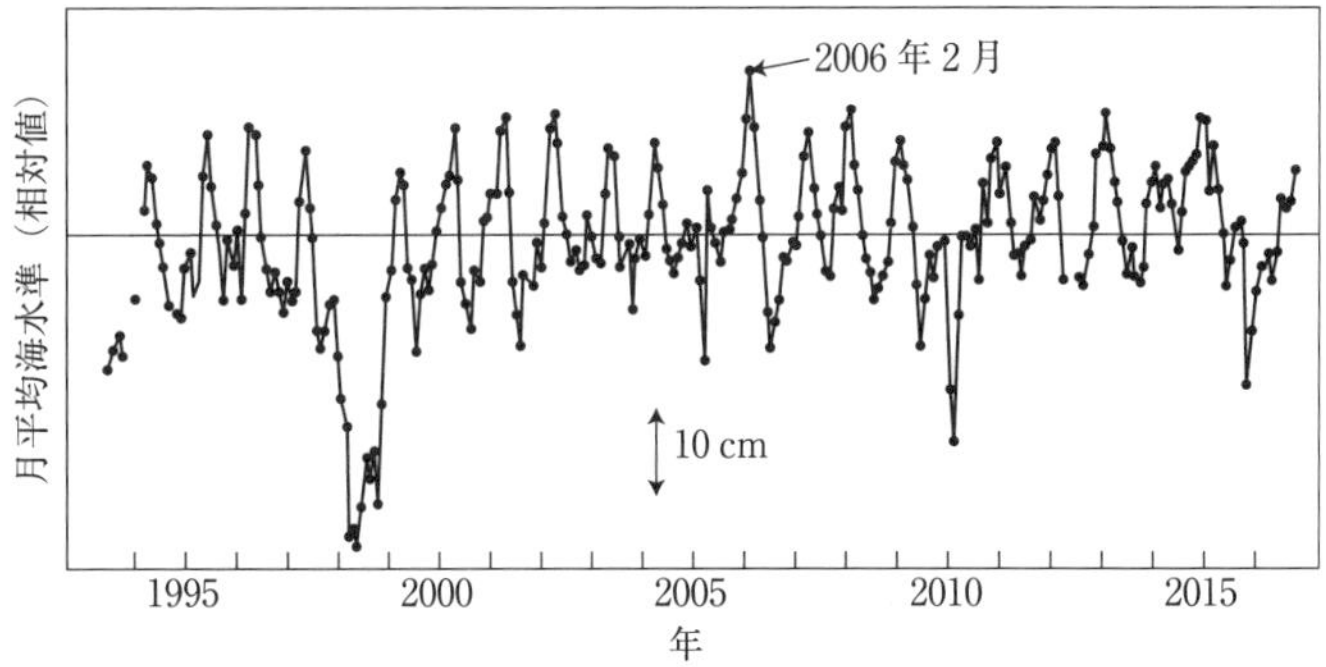

図3.7　ツバルの海水準：1993〜2016年

［http://www.psmsl.org/data/obtaining/rlr.monthly.plots/1839_high.png］

島国が水没する？

地球温暖化が進むと、温まった海水が膨張して海面がじわじわ上がり、サンゴ礁の島々が水没する……という話は、小中高校の教科書に載って試験にも出る。毎年暮れの風物詩となったＣＯＰ（気候変動枠組条約の締約国会議）でも海面上昇は話題をさらい、島国の代表が「苦境」を訴えて、諸悪の根源だという先進国の支援を強要する。

海面はどれほど上がっているのか？　もし上がっているなら、原因は人間活動（CO_2排出）なのだろうか？

ＮＨＫのツバル報道　ツバルの首都フナフティでは、オーストラリア政府が設置した潮位計を使い、一九九三年から潮位（海水準）の測定がつづく。二〇一六年の末まで二四年間の結果を図３・７にした。ほぼ一年周期の変動と、一九九七・九八年、二〇一五・一六年の強いエルニーニョ

図 3.8　ツバルを襲った観測史上最強の高潮：2006 年 2 月 28 日

［http: //www. tuvaluislands. com/news/archived/2006/2006-03-04.htm］

（五九ページ）を反映する潮位低下が目立つものの、おおむね横ばいに見える。

見ようによっては二四年間で数センチメートル（年平均一～二ミリメートル）上がった気配はあるが、別の海域も含めた潮位データ（あとの図3・10）と突き合わせれば、海面上昇の主因は自然現象（小氷期からの回復）ではないか。また、これから同じペースで潮位が上がるとしても、一〇〇年で「さざ波未満」の二〇センチメートルにすぎない。

フナフティの潮位測定は、一九七〇年代末～九〇年代初めにハワイ大学の支援でつづけられ、その結果（図示は略）もほぼ横ばいだった。

ツバルの水没話を日本国民の心に植えつけたのは、二〇〇六年四月三〇日のNHKスペシャル「煙と金と沈む島」だったらしい。N

HKのクルーは同年二月下旬、現地に出向いてツバルの水没シーンを撮っている。だがそのころは、太陽―地球―月が一直線に並ぶと起きて、いろいろな周期で繰り返す大潮が、一年のうち最強になる時期だった。

そして二〇〇六年二月二八日の大潮は、観測史上で最強の勢いをもち（以後も記録は破られていない。図3・7）、フナフティを高潮で水浸しにした（図3・8）。NHKのクルーは、高潮をねらって取材に出かけたのか、あるいは高潮に「たまたま」出合ったのか？　ただの高潮を「温暖化の影響」にすり替える意図があったとしたら、モラルの問題がある。

潮位は気象条件でも変わり、気圧が下がれば「おもし」が減って海面が上がる（珍しくない五〇ヘクトパスカルの低下で約五〇センチメートル上昇）。取材時の気圧は不明だけれど、いずれにせよNHKスペシャルはそうした自然現象に口をつぐんで、「地球温暖化がツバルを水没させる」イメージを視聴者の心に浸みこませた。

NHKがここ数年来の温暖化番組でツバルの浸水映像を使わないのは、さすがに「わかってきた」ためだろうか？

なおニュージーランドの研究者が、一九七一～二〇一四年にわたるツバルの国土面積を航空写真と衛星観測データから見積もり、『ネイチャー』誌の二〇一八年二月九日号に発表した。それによると国土面積は減るどころか、四四年間に三%近く増えている。

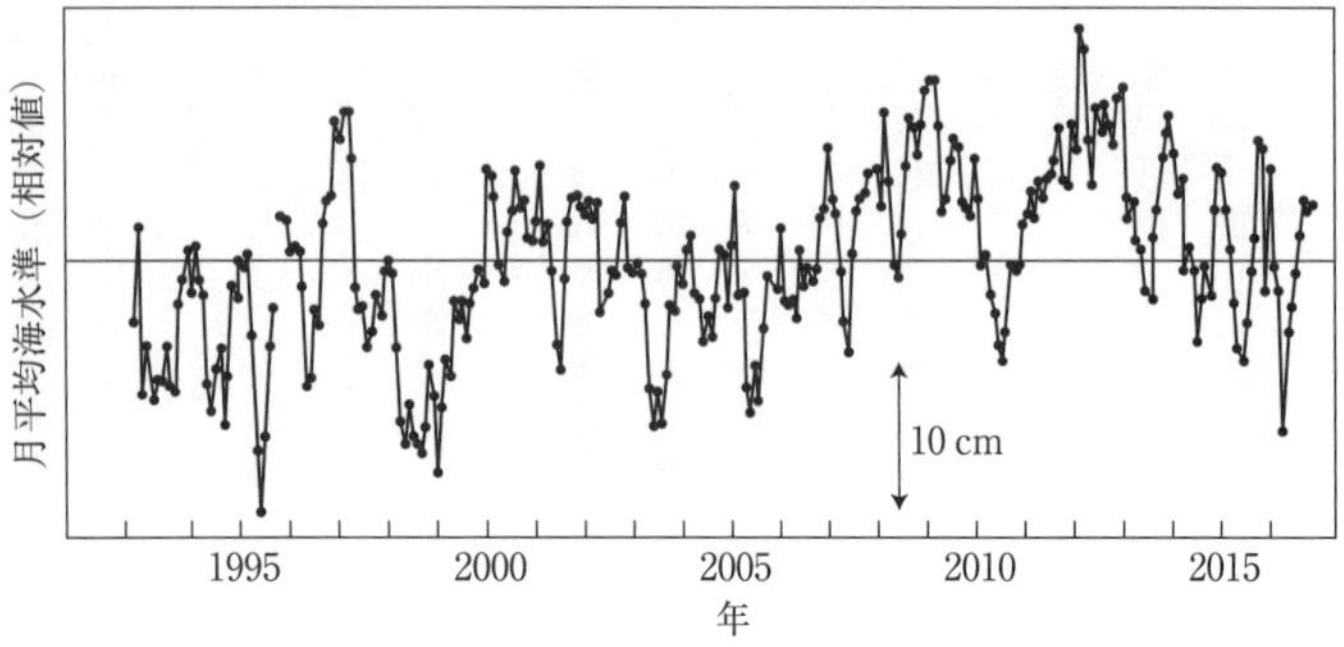

図 3.9　フィジーの海水準：1993～2016 年
［www.psmsl.org/data/obtaining/stations/1805.php］

環境相のツバル詣で　ＮＨＫの番組に背中を押されたのかどうか、同じ年から環境相がツバルを訪れ、環境省の表現によれば「地球環境問題に直面する現地の現状視察」をつづけてきた。二〇〇六年八月に小池百合子氏、二〇一〇年一月に鴨下一郎氏、二〇一三年に石原伸晃氏がツバルを訪れている（二〇〇七年九月には父君の慎太郎都知事＝元環境庁長官もツバルを訪問）。

環境省のホームページによると、石原伸晃大臣の訪問では「海岸保全等の適応対策を、二国間協力の強化を通じて共に協力して対応していくことに合意した」。要するに、日本のお金で護岸工事などをしようというのだろう。

石原大臣は、ツバルから約一〇〇〇キロメートルのフィジーも訪れている。やはり「気候変動の悪影響に苦しんでいる」と噂されるフィジーは、二〇一七年一一月のＣＯＰ23（ドイツ・ボン）で議長国を務めた。けれど潮位計データ（図3・9）を見る限りフィジーも、水没の危機にあるとは考えにくい。

日本の潮位　日本の潮位（一九〇六～二〇一六年）は、気象庁がホームページ上にグラフ化している（http://www.data.jma.go.jp/gmd/kaiyou/shindan/a_1/sl_trend/sl_trend.html。図示は略）。「観測期間の全体にわたる明瞭な上昇傾向はなく、一〇～二〇年周期の変動を続けてきた」と気象庁も解説しているため、とうてい「赤信号」の状況ではない。

ほとんどは自然現象？　潮位は地殻変動（プレート運動）の影響を大きく受ける。たとえば、ハワイの土台をなす太平洋プレートは西方へじわじわ動き、ユーラシアプレートに潜り込んで日本列島を押し上げる。それがときどき地震を起こす。ハワイが日本へ近づく速さは年に五～一〇センチメートルだから、日本の沿岸には、プレート運動のせいで年に一センチメートルくらい上下動する場所もあるだろう。そんな場所だと、潮位計の読みから年に数ミリメートルの海面上昇を正しくつかむのはむずかしい。

英国立海洋学センターの研究者スベトラーナ・ジェブルジェワらは二〇一四年、世界各地の観測点一二七七か所を選び、一九世紀から二〇〇九年までの「潮位変化の平均的な姿」を図3・10にまとめて論文に発表した。

一八五〇年代以降の潮位は、「年に一・九二ミリメートル上昇」の直線に乗る。しかも、CO_2の排出が大きく増えた一九四〇年代以降も、ほぼ自然現象（小氷期からの回復）だけが効いた過去の延長線上にある。一〇〇年以上のデータがあるホノルルやシドニーの潮位も、一九世紀から現在

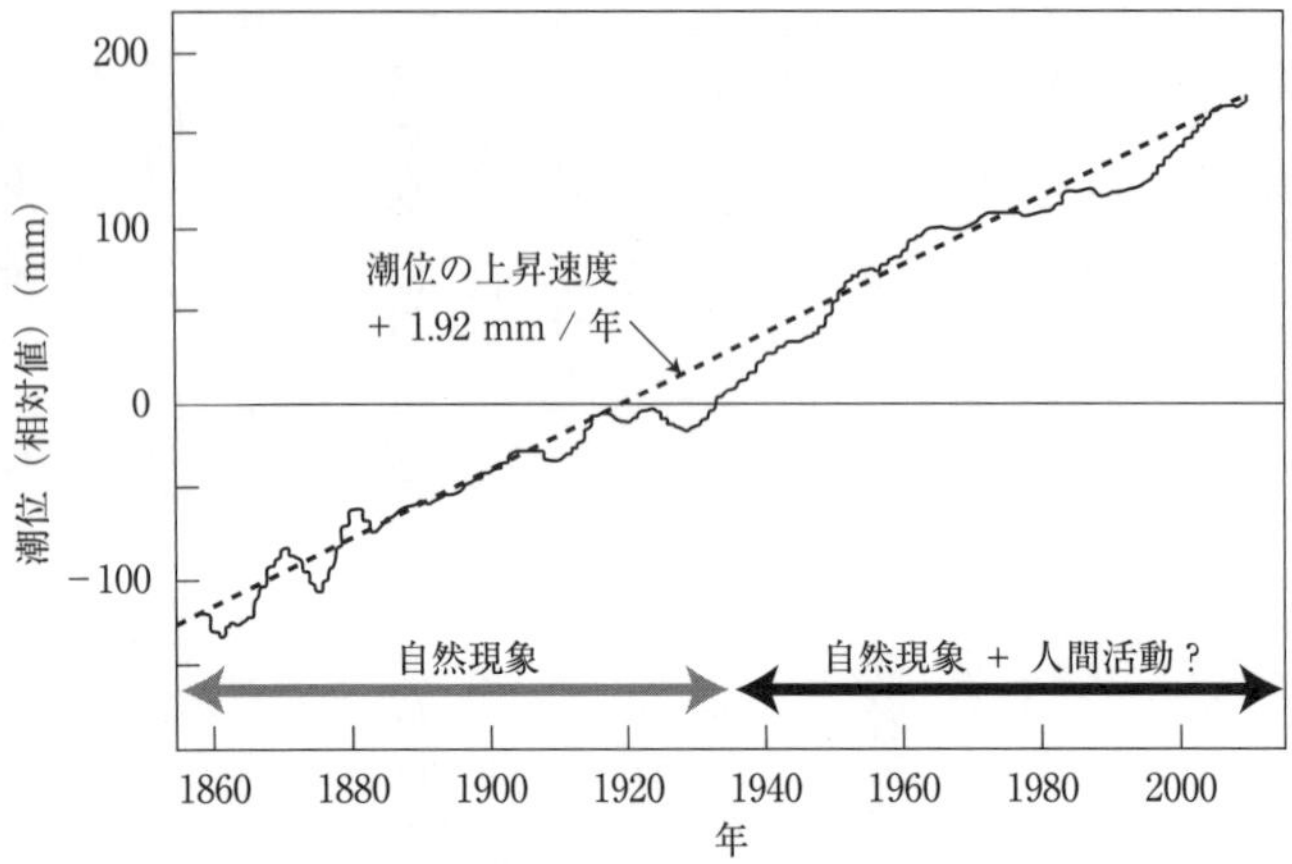

図 3.10　世界の海面上昇：1858〜2009 年（1277 地点の平均）

［S. Jevrejeva *et al., Glob. Planet. Change,* **113**, 11（2014）］

まで直線的に上がってきた（上昇の年率はそれぞれ約一・四ミリメートルと〇・七ミリメートル）。

すると当面、近年の人間活動が潮位に及ぼす影響は、あるとしてもたいへん小さい。また、一年間に一・九二ミリメートル上昇のままなら、二一〇〇年時点の海面は現在より一六センチメートルほど上がるけれど、心配するような大きさではない（なにしろ台風のときはよく一〇メートル規模の高波に見舞われる）。

ただしジェブルジェワらは、データ全部を統計処理すれば、潮位の上昇速度が年々「〇・〇二ミリメートル／年」ずつ増える（海面上昇が加速される）——と論文に書いた。図3・10を見た素人に加速はまったく読み取れないが、同じ著者が出した別の論文によれば、わずかな加速の積み重ねが二一〇〇年時点の潮位を八〇センチメートルくらい上げるという。ジェブルジェワ氏はＩＰＣＣ

報告書「海面上昇」の執筆者だから、ひょっとして次回の報告書に自分の論文を引用するため、悪影響にも触れるのが絶対だったのかもしれない（6章）。

極地の氷が減っている？

温暖化のせいで北極や南極の氷が解けるという話もしじゅう聞く。CO_2が起こす「地球」温暖化なら、両極の氷が似たような変化を示すはずだが、どうなのか？　北極海と南極海に浮かぶ氷（海氷《かいひょう》）の量がどう変わってきたのかを眺めよう。

ふつう海氷の量は、海を衛星で観測したとき、「氷に覆われた部分が一五％以上ある海面」の総面積を使って表す。

北　極　ＮＡＳＡの衛星で米国立雪氷データセンター（ＮＳＩＤＣ）が一九七八年一一月からつづけている衛星観測によれば、北極海の海氷面積は図３・11のように変わってきた。一九九二年以降に海氷が勢いよく減っているように見えるけれど、恐ろしい状況なのか？

海氷を減らすおもな原因は、水温の上昇だろう（表面に黒いススがついても氷は解けやすくなる。九三ページ）。ＮＯＡＡのサイトによれば、北極海のうちスカンジナビア北方に広がるバレンツ海の表層水温は、図３・11とほぼ重なる期間、図３・12のように変わってきた。激しい上下動の中に

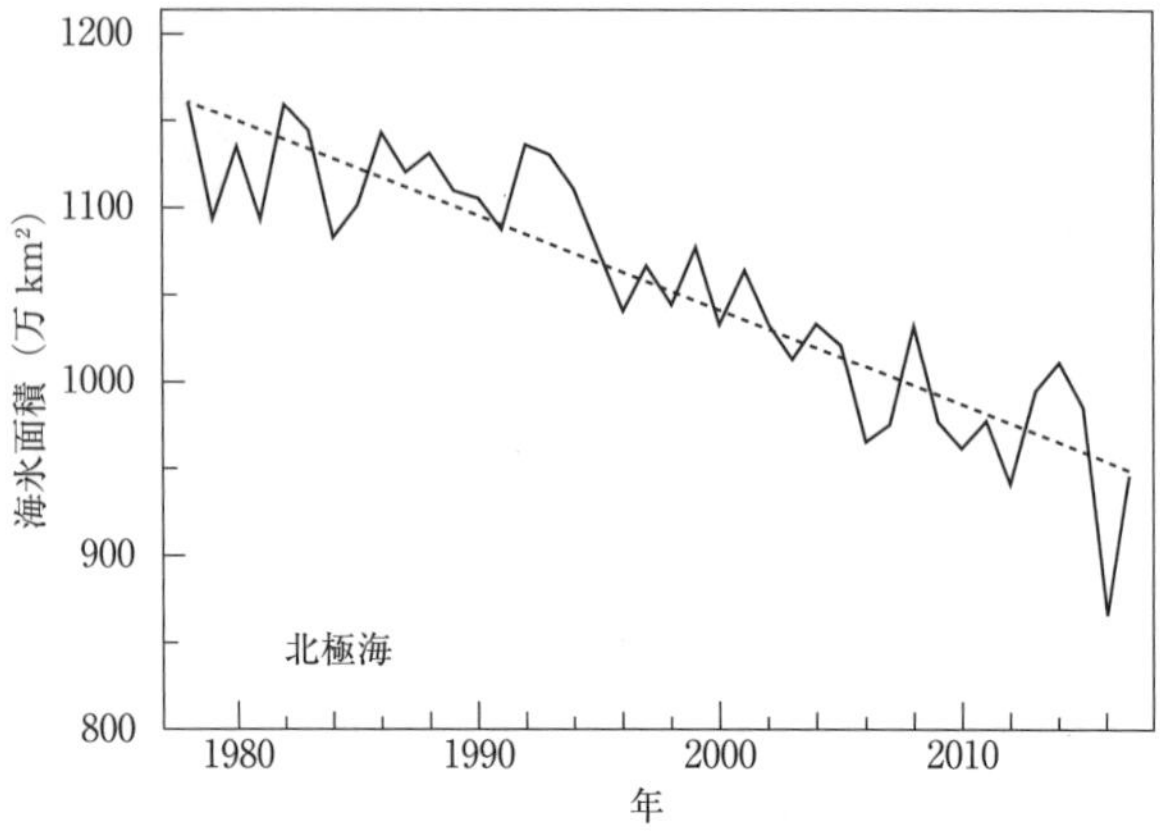

図 3.11　北極海（11 月）の海氷面積：1978〜2017 年
［http://nsidc.org/arcticseaicenews/］

無理やり直線（破線）を引けば、一〇年で約〇・三℃の上昇となる。

2章で見たように、北極海に近いグリーンランド小村の気温（図2・13）もほぼ同じペースで上がり、その背後には北大西洋水温の数十年規模振動（AMO。図2・12）がありそうだった。そして図3・11の時間枠は、たまたま海水温が上がりつづけた期間に重なっている。人為的CO_2も気温を少しは上げたのだろうが、どれほど上げたのかはわからない。

海氷の融解（水温上昇）のおもな原因がAMOなら、図3・11の時間枠より古い時期、たとえば図2・12で水温が急上昇した一九一〇〜四〇年代にも、海氷は自然現象として減っただろう（同じ期間に気温も急上昇した。図2・1）。実際、一九四四年七〜九月にカナダの探検家ヘンリー・ラーセンが小さな船セントロシュ号で英国からカナ

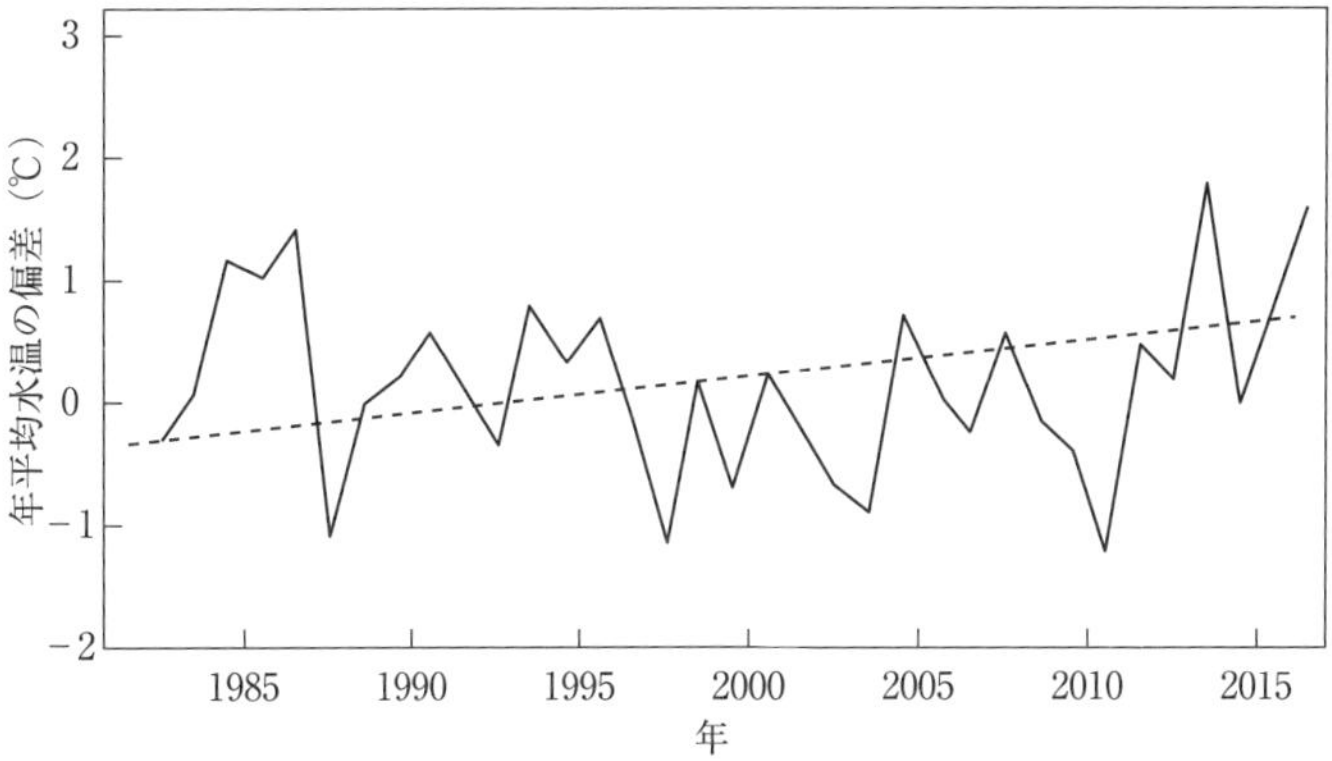

図 3.12　バレンツ海の表層水温：1983〜2017 年

［www. arctic. noaa. gov/Report-Card/Report-Card-2016/ArtMID/5022/ArticleID/285/Sea-Surface-Temperature］

ダへと北極海を渡り、一九四〇〜四二年の逆向きと合わせて初の往復航海を果たしている。また、2章の五八ページで紹介したとおり、一九一〇〜四〇年の海氷激減（北極圏の温暖化）を報じた当時の新聞記事がいくつか残る。

さらに古い中世温暖期やローマ温暖期（五一ページ）なら、海氷の減少は昨今よりずっと激しかったのではないか。

海水に浮かぶ氷が解けても、地球全体の海面上昇にはつながらない（アルキメデスの原理）。むしろ北極海の海氷減少は、漁業や海運を助け、海底資源の探査や開発をしやすくするなど、周辺諸国にとって大きな恵みだろう。たとえば二〇一七年の暮れにロシア政府は、いま冬場に厚い氷が覆うシベリア東部沖の航路開通をねらい、二〇二五年までに原子力砕氷船三隻の建造を計画中だと発表した（一二月二七日タス通信）。

シロクマの受難?　アル・ゴアの『不都合な真実』（二〇〇六年）をきっかけに、「地球温暖化が海氷を減らすせいで苦しむ」シロクマ（ホッキョクグマ）は、環境活動団体のイメージキャラクターになった感がある。二〇一七年一二月八日にも英国の革新系『ガーディアン』紙がそんな記事を載せていたけれど、現実はどうなのか？

国際自然保護連合の発表によるとシロクマの総数は、二〇〇五年の約二万頭から二〇一五年の約二万六〇〇〇頭へとむしろ増えてきた。だいぶ前、一九四〇年の推計値が五〇〇〇〜一万頭と少なかったのは、狩猟のせいだという。狩猟が規制されたあと十分に増えたため（七〇年代〜二〇一〇年で約五倍増）、狩猟はまた解禁されている。地球温暖化とはいっさい関係がない。

二〇万年ほど前にヒグマから分かれたシロクマは、現在より気温の高い時期（図2・10、図2・15）を生き延びてきた。そんな動物が、いまになって苦しむはずはなかろう。

二〇一八年二月二日の『サイエンス』誌に、米国地質調査所などの研究者が「苦しむシロクマ」の論文を出した（朝日新聞がさっそく同日の夕刊で紹介）。ただし論文が出た直後、シロクマ研究の権威、カナダ・ビクトリア大学のスーザン・クロックフォード博士に「そんなはずはない」と瞬殺されている（朝日新聞の続報はない）。

南　極　北極海に比べ、南極海の氷は状況がまったくちがう。図3・11と共通の期間にほとんど減らず、むしろゆっくり増えつづけてきた（図3・13）。

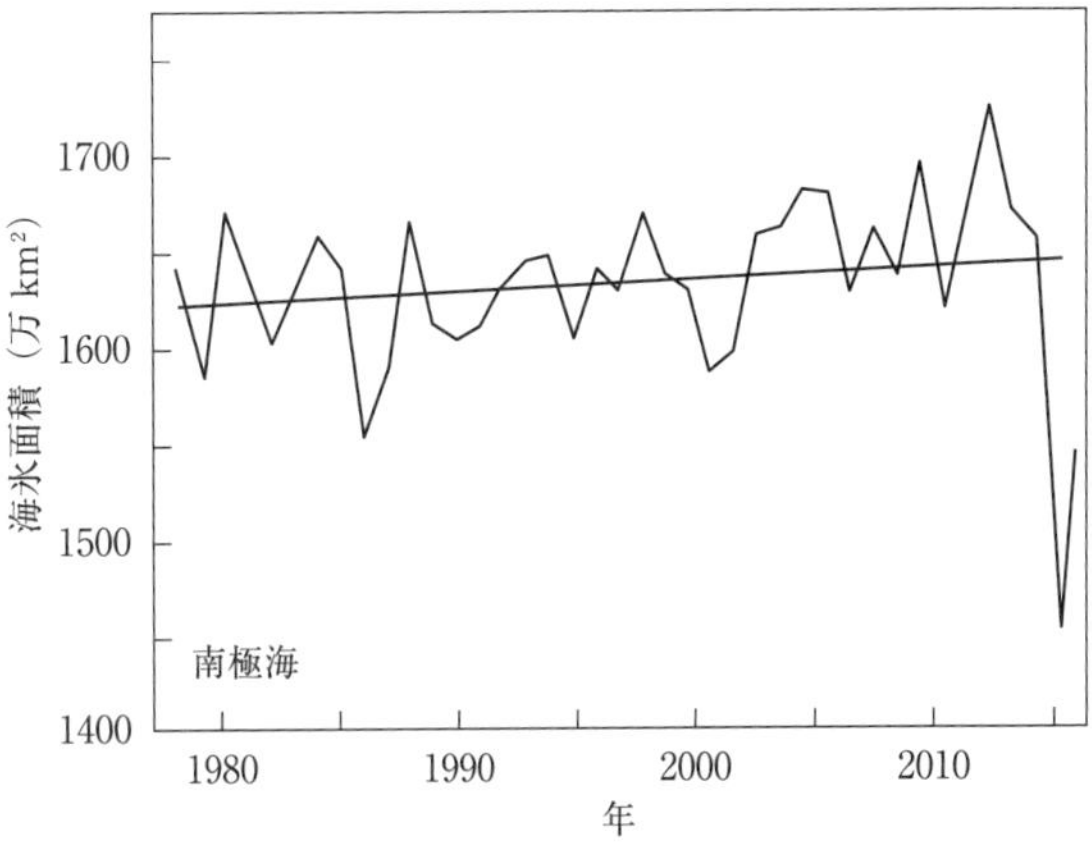

図 3.13　南極海（11 月）の海氷面積：1978～2017 年
［https://public.wmo.int/en/media/news/nsidc-record-low-arctic-and-antarctic-sea-ice-extent-november］

海氷の増加は、気温の低下を反映していよう。

実際、米国ゴダード宇宙科学研究所（GISS）の気温サイト（四四ページ）にある南極大陸の観測点（約二〇か所）を眺めると、一九五〇年代から現在まで、たいていの場所の気温は横ばいか下がりぎみできた。たとえば日本の観測所がある昭和基地の気温は、図3・14のようになっている。

ここ数年は気温の低下が目立ち、二〇一二年の暮れも一三年の暮れも、昭和基地に近いリュツォ・ホルム湾が厚み六メートルの海氷と二メートルを超す雪に覆われたため、観測船「しらせ」が立ち往生し、接岸できずに引き返した（二〇一四年からあとは接岸できている）。

南極にある観測点で測った大気のCO_2濃度は、世界各地と同じように変わってきた。一九五八年の三一七ppmから現在の四〇七ppm

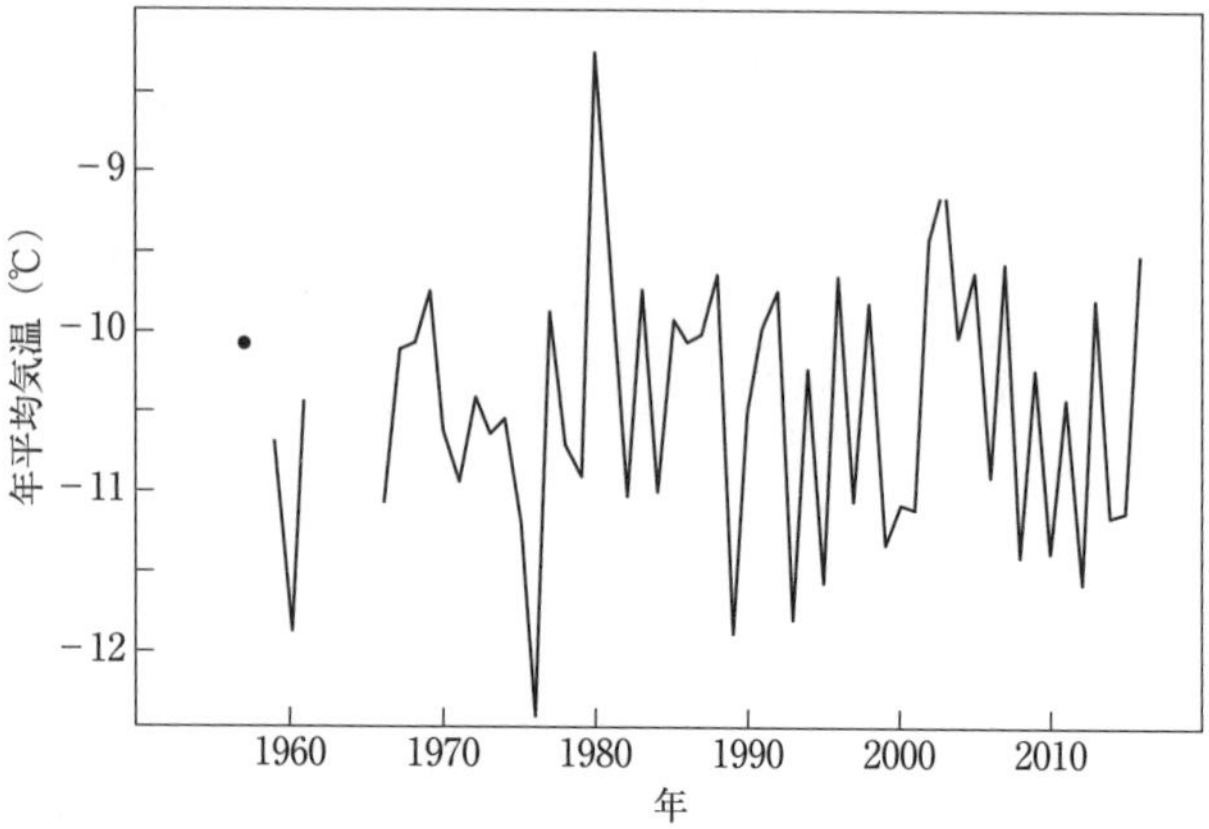

図 3.14　昭和基地の気温：1957～2017 年

［https://data.giss.nasa.gov/cgi-bin/gistemp/stdata_show.cgi?id=700895320008&dt=1&ds=5］

へと、三〇％近く増えている。モデル計算だと気温が少しずつ上がってきたはずのところ、実際は下がりぎみだという事実だけ見ても、安直なCO_2地球温暖化説は成り立たない。

図3・13を眺め直すと、二〇一五年～一六年に起きた海氷の激減（平均値からの減少率にして約一〇％）が目を奪う。ついに温暖化の影響が現れた……と叫ぶ人もいたけれど、米国立雪氷データセンターの研究者によれば、しばらくつづいた猛烈な北風が海氷を南極大陸のほうへ吹き寄せて、見かけの海氷面積を減らしたせいだろうという。二〇一七年（図3・13右端）もまだ平均値より少ないものの、やがて「微増」の線上に戻るのだろう。

二〇〇九年にはワシントン大学やNASAの研究者が、（南米大陸の南端に近い）南極半島あたりで激しい温暖化が進行中――と『ネイチャー』誌に発表し、恐ろしげなカラーCGが同誌一月二二日号の表紙を飾った。しかし以後の調査で、気温の上昇が認められた観測点の地下には海底火山が多いと判明。つまり、マグマ由来の地熱が気温を少し上げていたらしい（ブログWUWTの二〇一七年一一月一五日記事）。

なお南極半島の付近については、巨大な「ロス棚氷《たなごおり》」が温暖化のせいで解け、海面上昇につながる……と警告する人がいた。けれど二〇一八年二月一六日『ナショナル・ジオグラフィック』誌の記事によれば、ニュージーランドの研究者が調べたところ、ロス棚氷の底部はむしろ氷結が進行中で、融解しそうな気配はないという。また同年三月中旬には、南極半島の先端に近いジョインビル島を目指した研究調査船が厚い氷に前途を阻まれ、乗員はヘリコプターで救出されている。

氷が崩落？　温暖化関係のニュースや特番でNHKは、クルマの排ガスや工場の煙（一一ページ）に加え、南極の氷が崩れ落ちるシーンを予告ふうに流す。「温暖化がこんな異変を起こしている」といいたいのだろうが、実のところその映像は、番組制作者の意図を裏切っている。

沿岸（南緯六九度）の昭和基地さえ年平均気温は氷点下一〇℃以下だから（図3・14）、南極大陸のほとんどで気温は氷点下にとどまる（南極点なら高くても氷点下五〇℃）。そんな場所の気温がかりに一～二℃上がろうと、小学生でも知っているとおり、氷が解けるはずはない。

また、南極に降った雪はやがて氷に変わる。どんどん増える氷は、自重で低いほうへと動くため、南極の氷を氷河とよぶ（中心部から端部へ流れ着くのにかかる時間は約五〇〇〇年）。端部にやってきた氷は必ず崩れ落ちる。要するに南極の氷が崩れ落ちるのは、恐竜時代からのありふれた自然現象にすぎない。

温暖化が沿岸の気温を〇℃以上にして氷河の端部を解かすなら、崩落の勢いはむしろ弱まっていくだろう。勢いが増したとすれば、氷が増えたからだ。つまりNHKが流すシーンは、地球寒冷化番組の予告シーンにこそふさわしい。

氷河が後退している?

CO_2の起こす温暖化が世界各地の氷河を減らしている(後退させている)という話もしじゅう聞く。ヒマラヤの氷河が解けて、氷河から流れ出る川がバングラデシュに洪水を起こすという話もあった。本当にそうなのか?

後退の開始時期　人為的CO_2(人間活動)のせいなら、氷河の後退が目立ち始めたのは一九四〇年以降のことだろう。しかし過去の資料も当たってみると、氷河の後退は一八〜一九世紀から始まっている。

米国のアラスカ州にグレイシャー湾という場所がある(グレイシャー＝氷河)。二〇〇一年七月に米国地質調査所が発表した絵(図3・15)によれば、そこの氷河は一七〇〇年代の後半から後退を始め、一九四〇年代にはほぼ一〇〇キロメートルの後退を終えて、地名どおりの湾になっている。小氷期（五一ページ）からの回復に伴う気温上昇が、氷を解かしていったのだろう。

なお、長い目で見ると世界各地の氷河は前進と後退を繰り返してきた。たとえばローマ温暖期（五一ページ）の紀元前二一八年には、現スペインのカルタヘナを出たカルタゴのハンニバル軍が、ゾウの「戦車」でアルプスを北から南へと越え、ローマ本土に侵攻している。アルプスの氷河が現在の姿だったら、とてもそんなことはできない。

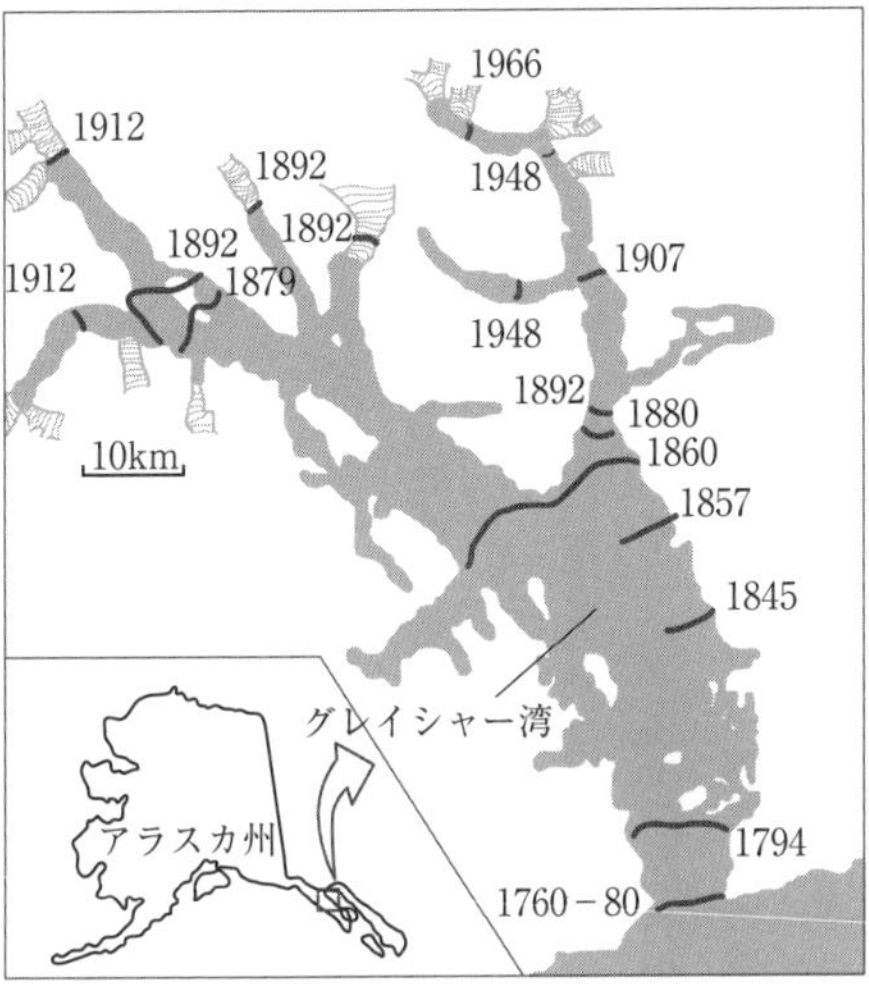

図 3.15　氷河の先端があった年の変遷（アラスカ州グレイシャー湾）

［https://soundwaves.usgs.gov/2001/07/glacierbay-map.gif］

キリマンジャロ物語　タンザニアにあるアフリカ最高峰のキリマンジャロ（標高五八九五メートル）は、頂上付近に氷河をもつ。二〇〇二年に米国オハイオ州立大学の気候学者ロニー・トンプソン教授が、CO_2の起こす温暖化で氷河は二〇一五～二〇年に消え失せる――と論文に書いた。以後しばらく、キリマンジャロの異変はメディアや温暖化本の話題になりつづける。

散発的な登頂行の記録しかないものの、氷河面積の移り変わりは図3・16のように推定され、もう一九世紀から減りつづけたとわかる。

二〇世紀前半までの激減は、人為的CO_2とほぼ無関係なので、おもに小氷期からの回復を表すのだろう。図3・16を載せた論文の著者は、インド洋からやってくる水蒸気の量の長期変動が原因かもしれないというが、そのへんもまだよくわかっていない。

過去はさておき、二〇世紀の中期以降に氷河を減らした原因は何か？　トンプソン説は融解（固体→液体）だったが、頂上付近はいつも氷点下だから納得しにくい。やがて二〇〇六年ごろ、オレゴン州立大学のフィリップ・モートがわかりやすい説明を思いつく。昇華（固体→気体）で氷が減ったのではないか？　空気中の水分が少ないほど氷は昇華しやすい。

キリマンジャロ山麓では二〇世紀の中期から人口が増えた。森を畑に変え、薪を手に入れたい住民が木を次々に伐《き》る。すると土地の保水力が落ちて一帯の乾燥化が進み、山頂付近の空気も湿気を減らして氷が昇華しやすくなった……という説明だ。現地に出向いた研究者によれば、氷の表面はギザギザだったという（融解ならツルツルになる）。それも「昇華」説に合い、もはやCO_2温暖化原因説は旗色が悪い。

ちなみに二〇〇二年以降、キリマンジャロの氷河はあまり減っていないという（二〇一二年には積雪が増えて話題になった）。因果関係の突き止めに今後二〇年や三〇年かかるとしても、多少の

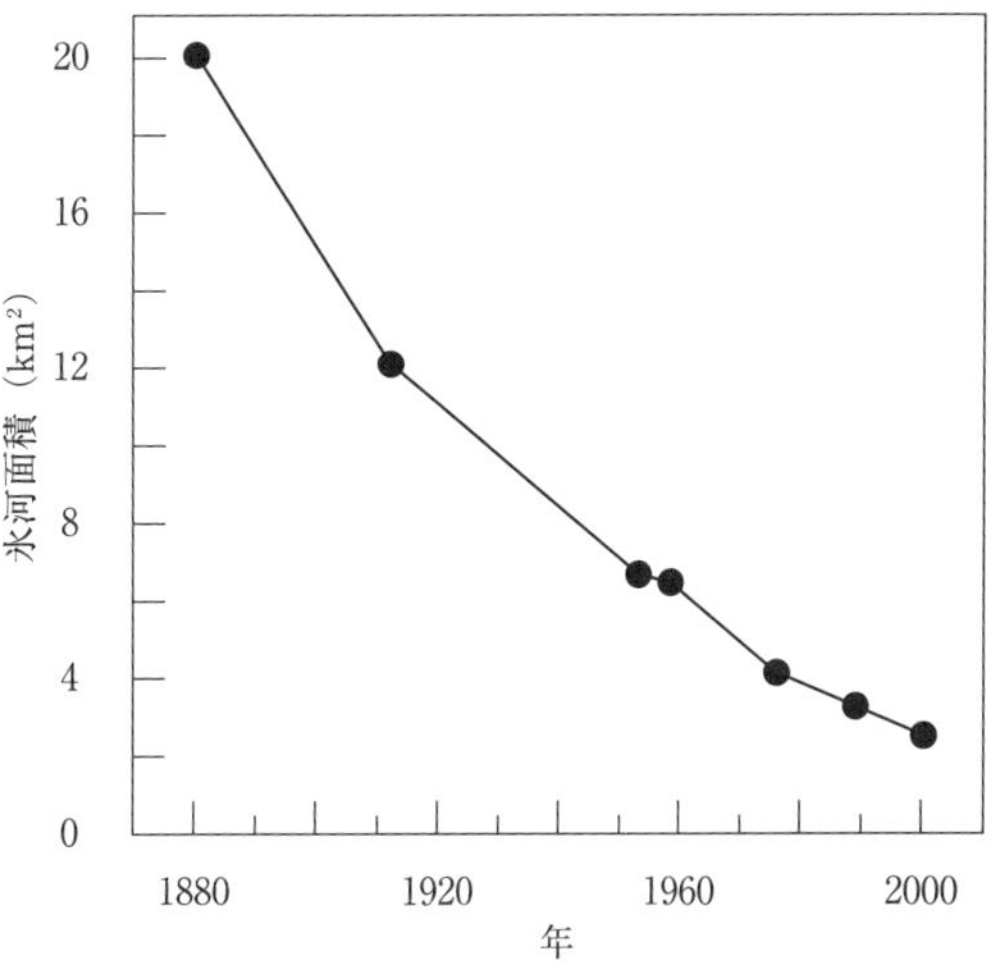

図 3.16　キリマンジャロ山頂の氷河面積：19 世紀末〜21 世紀初頭

［G. Kaser *et al.*, *Int. J. Climatol.*, **24**, 329（2004）］

遅れが問題になるような話ではない。

トンプソン教授がいまなお温暖化原因説を捨てていないのは、全米科学財団からもらいつづけた大きな研究費と無縁ではないのかもしれない（6章）。

ススのいたずら　世界各地には、後退が加速中に見える氷河もある。人為的CO_2による温暖化も少しは効いているのだろうが、もう一つ、ススの影響も大きいといわれる。

一九七〇年代以降、とりわけ一九九〇年前後に起きたソ連邦解体のあと、旧東欧諸国や新興国の工業化が進んだ。大量の石炭を燃やすから、黒いススが大気に出る。ススが気流に乗って氷河の表面に着地すれば、太陽の熱を吸収して氷の融解を促す。「氷河　スス　画像」をキーワードにしてネット検索すると、薄汚れた氷河のおびただしい写真に出合える。

マラリアが北上？　氷河の話ではないが、同じ陸地の話題として、蚊の生息地が高緯度のほうへ動き、マラリアが蔓延するとおどかす研究者もいる。けれど江戸時代以前ならともかく、マラリアをはじめとする感染症は、いまや衛生と医療の問題だろう。年平均気温が東京より七℃ほど高い台北《タイペイ》もマラリア地獄ではない。

実のところ二〇世紀に入ってから最悪のマラリアは、寒いシベリアで流行した。一九二〇〜三〇年に約一三〇〇万人が発症し、死者およそ六〇万人を数えている。つまりマラリアと気温に直接の関係はなかったし、たぶんこれからもない。

海水が酸性化している？

海水の酸性化が進んで海の生き物を苦しめるという話は、二〇世紀の末ごろに登場した。二〇〇四年までほぼゼロだった論文がどんどん増えて、二〇一三年以降は年々およそ七〇〇篇も出る。各国政府が湯水のような温暖化研究費を出すようになったせいだろう（6章）。二〇一四年の五月八日にはＮＨＫがＢＳの特番「海から貝が消える？　進む海洋酸性化の危機」で恐怖をあおったけれど、いったいどんな話なのか？

酸性化？　まず、「酸性化」という用語はおかしい。中学校理科でも習うように水の酸性・アルカリ性はpHの値で表す。中性をpH＝七と決め、値が小さいほど酸性が強く、大きいほどアルカリ性が強い。海水は、海域にほぼ関係なくpH＝七・九～八・二の弱アルカリ性を示し、すぐあとで見るように「今後一〇〇年で最大〇・三ほど下がるかもしれない」という程度の話だから、下がった時点でもアルカリ性に変わりない。

つまり、海水が酸性に変わるのではなく、アルカリ性がほんの少し弱まる（かもしれない）というのが正しい。

海水のpHは、溶けているCO$_2$と関連物質の強力な緩衝《かんしょう》作用がほぼ一定に保つ（ヒトの血液のpHが七・三五～七・四五の狭い範囲に保たれる理由も同じ）。pHの値が簡単に変わらないからこそ、海の生き物も暮らしていける。

pHはどれほど変わる？　中国・広州地球化学研究所の韋《ウェイ》剛健らが二〇一五年に出した論文を手がかりに、海水のpH変化を眺めよう。南シナ海（海南島の沖合）に棲むサンゴを採取し、ホウ素と酸素の同位体比（四九ページ）や、カルシウムとストロンチウムの量比から、一八五三～二〇一一年の一五九年間に表層水温とpHがどう変わってきたかを推定している（図3・17）。

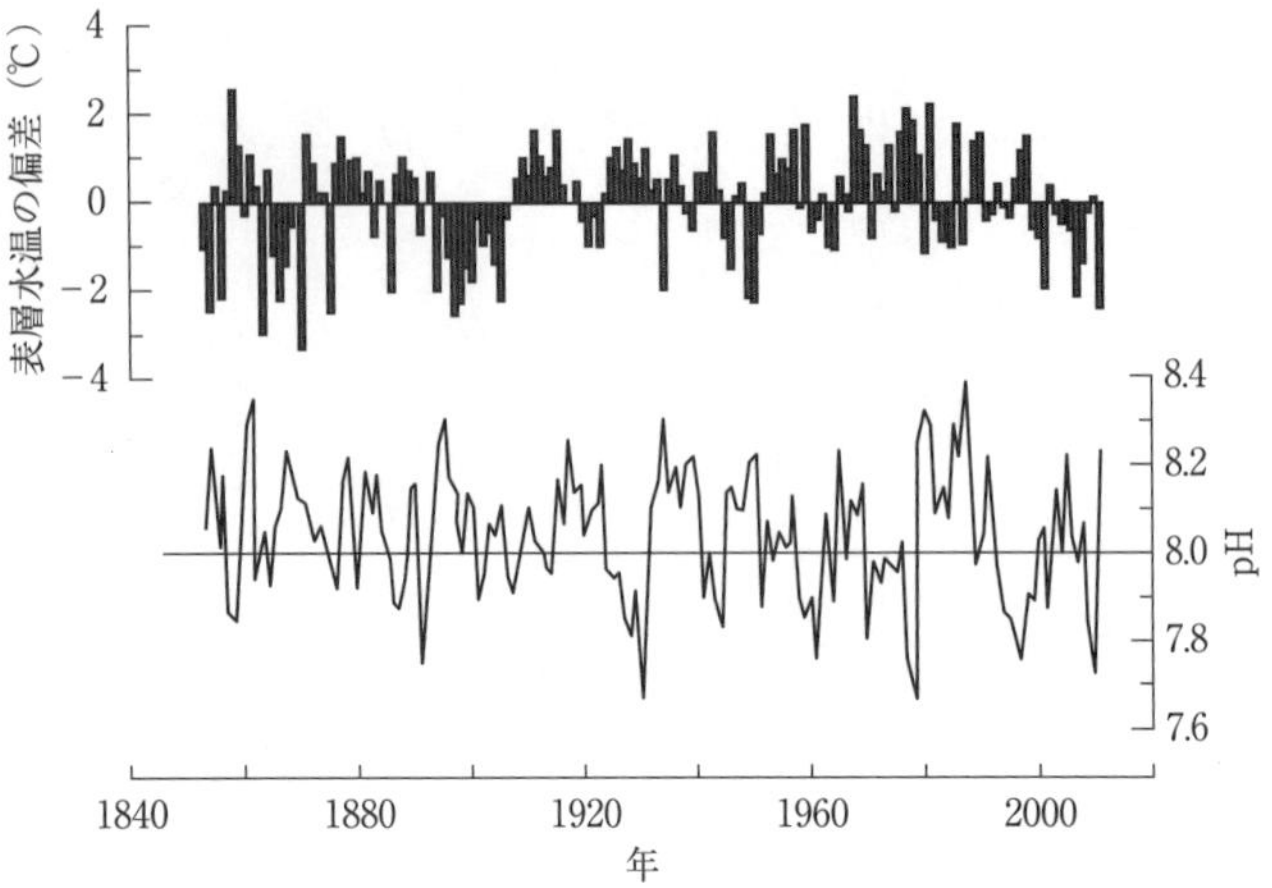

図 3.17　南シナ海の表層水温（上）と pH（下）の推定値：1853〜2011 年

［G. Wei *et al.*, *J. Geophys. Res.: Oceans*, **120**, 7166（2015）］

表層水温は、一〇年規模の振動（PDO。五五ページ）がありそうに見えるものの、はっきり上がってきた気配はない。

肝心なpHはどうか。素人目には「八・〇前後で上下動してきただけ」に見えるけれど、統計処理をすれば、一年に約〇・〇〇四ずつ低下中なのだという。なかなか苦しい推定に思えるが、事実だとしても一〇〇年で〇・〇四の低下だから、たいした話ではない。

韋らは論文中に、過去の論文一四篇が報じた推定値も紹介している。一〇〇年あたりにしたpH低下は〇から約〇・三までと幅広く（単純平均で約〇・一五）、どの推定も誤差が大きいため（ある論文は「一〇〇年あたり〇・一上昇から〇・五低下までの範囲。平均すれば〇・二低下」と推定）、はっきりした結論はまだ出せない。

生き物の受難？　温暖化で海水温が上がるほか、酸性化の影響もあってサンゴが苦しむ……という話も学界やメディアをにぎわした。とりわけ、オーストラリア北東岸に広がる世界的な観光地のグレートバリアリーフが注目を集める。

近刊書『二〇一七年の事実集』（一六ページ）の第1章と第2章で、グレートバリアリーフの話題をオーストラリアの専門家が詳しく解剖している。その結果、次のような結論になるという。

①サンゴは高温が好きな生物だから、一〜二℃の水温上昇に苦しむはずはない。②サンゴの成分を分析して見積もった一七〇〇年代以降のpHは、一〇〜二〇年周期の変動をしてきただけのように見える。そのため、二〇年程度のpH測定で「酸性化」を結論した論文の信頼度は低い。③一九九五〜二〇〇五年の一一年間にサンゴが減った証拠はない。④「酸性化がサンゴを苦しめる」と結論した論文は審査を通りやすくてメディアの話題になったりするが、「悪影響はほとんどない」という趣旨の論文が有力誌に載る確率はたいへん低い。

なにしろ、サンゴが生まれた中生代（二・五億〜六六〇〇万年前）のCO_2濃度はいまの二〜三倍も高かった（図1・2）。また、海底からCO_2が噴き出す浅瀬でサンゴがすくすく育つ海域も二〇一〇年に見つかっている。サンゴを痛めつけるのは、沿岸の工事で流入する土砂や、観光客の起こすローカルな水質汚染だろう。そうしたことが知られるようになったためか、近ごろ「危機にあるサンゴ」のメディア報道が減ったのは喜ばしい。

筑波大学生命環境系の白岩善博教授らは、海水のpHが植物プランクトン（円石藻《えんせきそう》）に及ぼす効果を調べ、二〇一四年の光合成専門誌に発表している。空気のCO_2濃度を約四〇〇、約八〇〇、約一二〇〇ppmに調節したとき、空気と接した培養液のpHはそれぞれ約八・二、約七・八、約七・六になった。天然に当面ありえない約七・六（図3・17）まで下がっても、光合成活性など生物機能への悪影響は見られなかったという。

「異変」の予測――当たるも八卦

地球の温暖化も、温暖化が起こすという異変も、日ごろ実感できるものではない。短期間の気象変化ならくっきりと実感できて、たとえば二〇一七年の晩秋から一八年の二月中旬にかけ、日本列島は北から南まで震えあがった。温暖化はいったいどこへ行ったのか？

温暖化の脅威は、まだ予測や憶測の域を出ない。研究者は数十年後とか二一〇〇年時点のありさまをコンピュータで予測して論文に書く（当人がまず生きていない時点のことなら、予測も気楽にできるのだろう）。研究者の権威に頼る政治家やメディア人が、ときに尾ひれをつけて研究者の発言を世に広める。

失敗続き　だが、コンピュータの処理能力がどれほど上がっても、複雑きわまりない地球の気候を正しく予測できる時代が来るとは思えない。かなり短期間の予測すら外れることは、以下の例がよく教えてくれる（外れた予測のごく一部）。

①　二〇年もたてば（ニューヨーク市のGISS事務所に近い）高速道路が水没し、ビルの窓には強風対策の補強工事をすることになるだろう。上がる気温が犯罪を誘発して、パトカーの出動も増える。（NASA・GISSのジェームズ・ハンセン博士、一九八八年）

②　温暖化を食い止めないと、二〇〇〇年には海面上昇でいくつもの国が水没する（国連環境計画の幹部ノエル・ブラウン氏、一九八九年七月五日）

③　五年以内に北米とユーラシアの穀倉地帯は温暖化による干ばつで荒れ果て、食糧をめぐる暴動も頻発しよう。（環境防衛基金のマイケル・オッペンハイマー氏、一九九〇年）

④　温暖化のため何年かあとに雪はほとんど降らなくなって、雪がどんなものかを知らない子どもばかりになる。（英国CRUのデビッド・ヴァイナー博士、二〇〇〇年三月二〇日）

⑤　研究者の予測によると、海面上昇、砂漠化、地下水の枯渇、大洪水の発生といった環境激変のため、二〇一〇年には世界で五〇〇〇万の難民が出るだろう。（ニューエコノミクス財団の施策責任者アンドリュー・シムズ氏、二〇〇五年）

幸い、以上のどれ一つ現実にはなっていない。

一九七〇年代の寒冷化騒ぎ（表2・2）が始まる前、一九一〇〜四〇年の温暖化騒ぎ（図2・1）がまだ後を引いていた一九六九年にチェコの物理学者リュボス・モティ博士が、次のような予測をしていた。


　二〇〇〇年に大気のCO_2濃度は間違いなく二五％ほど増える。そうなれば世界の気温が四℃近く上昇する結果、海面は三メートルくらい上がる。


実のところCO_2濃度は約一二％しか増えず（図1・1）、気温の上昇は（自然変動と都市化効果とデータの加工を合わせて）〇・六℃程度（図2・1）、海面の上昇はせいぜい六センチメートルにとどまった（図3・10）。

世界の気温データを扱う三組織の一つ、英国気象庁CRU（三〇ページ。前記④）の研究者が二〇一八年一月一日の『ネイチャー』誌に、「モデル計算の結果、今後二℃上昇すれば世界のあちこちで乾燥化が進む」という論文を出した。しかしつい二年前の同誌にはオーストラリアの研究者が、やはりモデル計算で、「二℃の上昇は世界各地で降水量を増やす」と、正反対の結論を発表している。計算のプログラムしだいで、どんな結果も出せるのだ。

同じ二〇一八年一月一日の『ネイチャー』誌に、「温暖化の進みに合わせてブドウ農家は栽培品種を工夫するのがよい」とするハーバード大学の論文が載った。また一月三〇日の『動物生態学』誌には、「温暖化が甲虫のサイズを減らしてきた」というカナダ・ブリティッシュコロンビア大学の論文が載っている。どちらも胡散《うさん》臭い話だけれど、温暖化の悪影響さえ書いてあれば、学術誌の審査をパスする時代になったのかもしれない。

地球の気候は太古から変わりつづけてきたし、これからも変わりつづける。変化を促す要因には、太陽活動や海流の周期変動もあり、人為的CO_2の効果もある。ただし、現実のデータあれこれを突き合わせてみれば、近い将来に何か重大な危機が人類を見舞うとは考えにくい。

気温が四〇～五〇℃になる地域でも、氷点下一〇～二〇℃があたりまえの地域でも、したたかに適応しながら多くの人が生きている。そんな地球の気温がかりに一℃や二℃上がろうと、大騒ぎするようなことではない。

4章　温暖化対策——軽挙妄動

人材の宝庫と呼ばれる省庁のやってることはどうだ。予算をぶんどって、箱物作って天下り法人作って、それで足りなくなったら増税だ。そんなもん、単なるマネーゲームだろう。

誉田哲也『アンダーカヴァー』

ここまでをざっと振り返ろう。大気に増えるCO$_2$は植物をよく育て、地球の緑化を進めて食糧を増やしてきた（1章）。CO$_2$が気温を過去どれほど上げて、今後いくら上げそうかは不明だが（2章）、多少の温暖化は植物の生育にも望ましいばかりか、私たちの暮らしを助けもする（暖かい季節ほど死亡率は低く、冬が暖かくなれば暖房費が減る）。また、人為的CO$_2$が異常気象を増やした証拠はないし、海面を上昇させた形跡もほとんどない（3章）。

そんなCO$_2$の排出削減を目指すのが「温暖化対策」だという。温暖化対策のかけ声は、結局のところ成果ゼロで幕を引き、日本が「排出権」の購入に莫大な税金を使った京都議定書の発効（二〇〇五年二月。6章）から強くなり、パリ協定（二〇一五年一二月採択。一一三ページ）の発効後にいよいよ強まっている。何か意味のある営みなのか？

予防と治療　環境問題の対策を、英語ではmitigation（軽減、緩和）とadaptation（適応）の二つに分ける。病気なら前者が予防、後者が治療で、ふつうは予防のほうが安く上がる。

地球温暖化だと、CO_2の排出削減が「予防」にあたる。だがその予防は、治療（海面が上がったときの護岸工事など）に比べ、つぎこむ資源（お金、時間、労力）が桁違いに多いばかりか、実効をほとんど見込めない代物だ。予防手段のうちには、一部の人々だけが潤い、ほか大多数が損をするものもある。そのへんを本章と次章で解剖したい。

国とメディアのお節介

いま日本の「温暖化対策」は、二〇一六年秋のパリ協定発効をにらんだ同年五月一三日の閣議決定をもとにしている。日本は温室効果ガス（大半がCO_2）の排出量を二〇一三年比で、二〇三〇年に二六％だけ減らすのだという。「二六％」の空しさ考察は一一四ページに回し、まず「対策」といわれるものの中味を眺めよう。

政府の対応　一七九ページと分厚い閣議決定文書には、温暖化対策として、省エネや節電、再生可能エネルギー（5章）の導入、次世代自動車の普及、LED照明の採用などが書いてある。しかし日本では、あとでみるとおり、そのどれもCO_2排出量を減らしそうにない。

閣議決定を受け、各省庁が金太郎飴のような対策を考えてきた。たとえば二〇一七年三月二三日の総務省文書には、二〇一三年比でCO_2排出量を「二〇二〇年に一〇％、二〇三〇年に四〇％」減らす方策として、公用車の次世代自動車化、節電、「いわゆるクールビズ」の励行、LEDの導入、再生可能エネルギーの利用などが書いてある。

メディアの垂訓　暮れにパリ協定が採択される予定の二〇一五年は、年初から温暖化対策の報道も過熱した。四月二四日の朝日新聞が「教えて！　温暖化対策7」という欄に、省エネの具体例として次の八項目を並べている。

①　使っていない機器の電源を切り、人がいない部屋の電気を消す
②　電気消費量が少ない機器を使う
③　LED照明を使う
④　二重窓で窓からの熱の出入りを遮断
⑤　エコドライブでガソリン消費減
⑥　公共交通、自転車、徒歩で移動

⑦　老朽化した設備を改修
⑧　工場や事業所で過剰な設備をなくす

まっとうな家庭や企業なら、①・②・⑤・⑥・⑧は日ごろ必ず心がける。ガスや水の無駄づかいもなるべくしない。光熱水料が浮けば、そのお金で何かを買えるからだ。お金に余裕がある家庭や企業は、メディアにご指導いただくまでもなく、照明のLED化（③）や窓の二重化（④）、古い設備の改修（⑦）もするだろう。

けれど①〜⑧に励んでも国のCO_2排出は減らないし（序章と次項）、実のところメディア人たちも本気で温暖化を心配しているわけではない（一二七ページ）。

省エネはCO_2を減らさない

本物の省エネができたら光熱水料が浮く。ふつうの家庭だと一〇％の省エネで浮くお金は年に一〜二万円でも、官庁一丸の省エネなら桁が違う。たとえば総務省の文書には、霞が関の本部庁舎をはじめ、地方の合同庁舎や支部類、消防大学校、消防研究センター、自治大学校ほかの「排出削減計画」がまとめてある。「二〇二〇年までに一〇％削減」できたとすれば、年に浮くお金は数億円どころではない。ちなみに東京都の全世帯が一〇％の節電をしたら年に四〇〇億円が浮く（その分だけ東京電力は給与カットやリストラに苦しむ)。そして省エネで浮いたお金は、家庭でも役所や企業でも、何かを買うのに使う。

木を見て森を見ず

買う品物もサービスもエネルギー(化石資源)を使ってつくるから、根元で必ずCO_2が出る。つまり、省エネにいくら励んでも国のCO_2排出はほとんど減らない。エアコンの設定温度を上げて仕事の能率を落とすクールビズも、浮いた電気代がCO_2排出につながるし、衣料業界を活性化させ、さらには「省エネキャンペーン」で電気や化石燃料を使うため、むしろCO_2排出を増やすかもしれない。

省エネや節電で浮いたお金をシュレッダーにかけて捨てれば、その分だけ国のCO_2排出量は減るだろうが、むろん誰もそんなことはしない。一五年ほど前、以上のような話を数十名の中学生にしたら、たちまち全員がわかってくれた。

環境省など省庁は、高名な識者の集う会合で温暖化対策を考えてきた。会合のメンバーには、三十~四十代の一〇年余り、縁あって数百名の環境研究者とおつき合いした私の知人も多い。おもな話題は「省エネの推進」だというけれど、各省庁が公開している議事録に、浮いたお金の働きまで話し合った形跡はない。世にいう「木を見て森を見ず」の典型だろう。

産業設備や民生機器のエネルギー効率がまだまだ悪い途上国や新興国なら、機器類の省エネ化を進めると国のCO_2排出が減る。日本も戦後から一九八〇年代中期まで(温暖化騒ぎの前夜)はそんな国だった。けれど一九八五年ごろ以降の「省エネ行動」に、CO_2排出を減らす力はほとんどない。

温暖化対策をする組織

CO_2排出削減の成果が何一つ見えない「温暖化対策」に励む組織は、国の機関から民間まで幅広い。おもなものだけ見ておこう。

国と地方自治体　先ほど紹介した二〇一六年五月の閣議決定文書は、内閣官房と環境省、経産省の連名で書かれた。中央では外務省、農水省、国交省、文科省、復興庁など、ほぼ全部の省庁に温暖化関連部署があり、担当の職員がいる。

また、上意下達の美風がよく浸透した日本では、ほぼ全部の地方自治体（四七都道府県と一七四一の市町村、特別区）も温暖化対策部署を設け、さまざまな活動をしているらしいことが、ネット情報から浮かび上がる。

地球温暖化防止活動推進センター　京都会議（COP3。一九九七年）の翌年にでき、京都会議で議長だった環境庁長官（当時）の大木浩氏が初代の長を務めた（二〇一〇年秋からは社団法人地球温暖化防止全国ネットが運営）。以後、東京本部のほか四七都道府県と一二市に事務所が生まれ、国内三〇〇以上の民間組織（NGOなど）との連携もしているという。
以上の公的な組織だけでも、担当者が膨大な時間を費やし、ひんぱんに会議を開いて電気を使い、根元でCO_2を出しながら、「温暖化対策」の作文や啓発活動にいそしんでいる。

企　業　たいていの大手企業には「温暖化対策」を柱の一本とする環境関連部署があり、環境省の指針に従う「環境報告書」の編集・発行や、CO_2削減（実体は「放出」）活動をしていると聞く。それに割く人員も時間も膨大だろう。

年三兆円のドブ捨て

温暖化対策に使うお金も想像を絶する。わかる範囲で眺めておこう。

温暖化対策費　環境省は二〇〇五年から毎年二月に、温暖化対策用の予算案を公表する。環境省など一〇省庁分を合わせた国全体の予算を意味し、二〇一二年までは「京都議定書目標達成計画予算案」、二〇一三年以降は「地球温暖化対策関係予算案」とよんでいる。二〇一七年まで一三年間の総額およそ一二兆円（年平均九〇〇〇億円超）が、私たちの払った国税だ。

地方自治体の支出は、こまかい統計は追いきれていないものの、政府税制調査会の資料によると、たとえば二〇一〇年度が約一兆六四〇〇〇億円だった（都道府県九二〇〇億円、市町村七二〇〇億円）。同じ年に使われた国費（約一兆一三〇〇億円）の約一・五倍にのぼり、ほかの年も似たような比率とみれば、二〇一七年までの総計は一七兆円くらいか。

企業の支出は不明だが、たいていの大手企業にある「環境」部署の活動を思うと、一三年間の総額はたぶん一兆円どころではない。

以上を足し合わせ、二〇〇五～一七年の一三年間に使われた総額はゆうに三〇兆円を超す（韓国の年間国家予算や、東日本大震災の復興予算総額に近い）。四人家族のお宅なら、いままでじつに一〇〇万円も、気づかないまま「温暖化対策」に使われた。

約二〇年の工期で二〇一一年三月に完成した九州新幹線（博多～鹿児島中央）の総工費が一兆五〇〇〇億円だから、いま日本が一年間に使う温暖化対策費（年平均ほぼ三兆円。国民ひとりあたり二万四〇〇〇円）は、総工費の二倍にもなる。その巨費が、はたして「温暖化を抑える」のに役立ってきたのか？

タテマエとホンネ　環境省はホームページに図4・1を載せている。一九六五～二〇一五年の五一年間に「エネルギー起源CO_2排出量」（化石資源の燃焼で出るCO_2の量）がどう変わってきたかを表すグラフだ。排出量の推移は単調ではなく、増えた期間も減った期間もある。

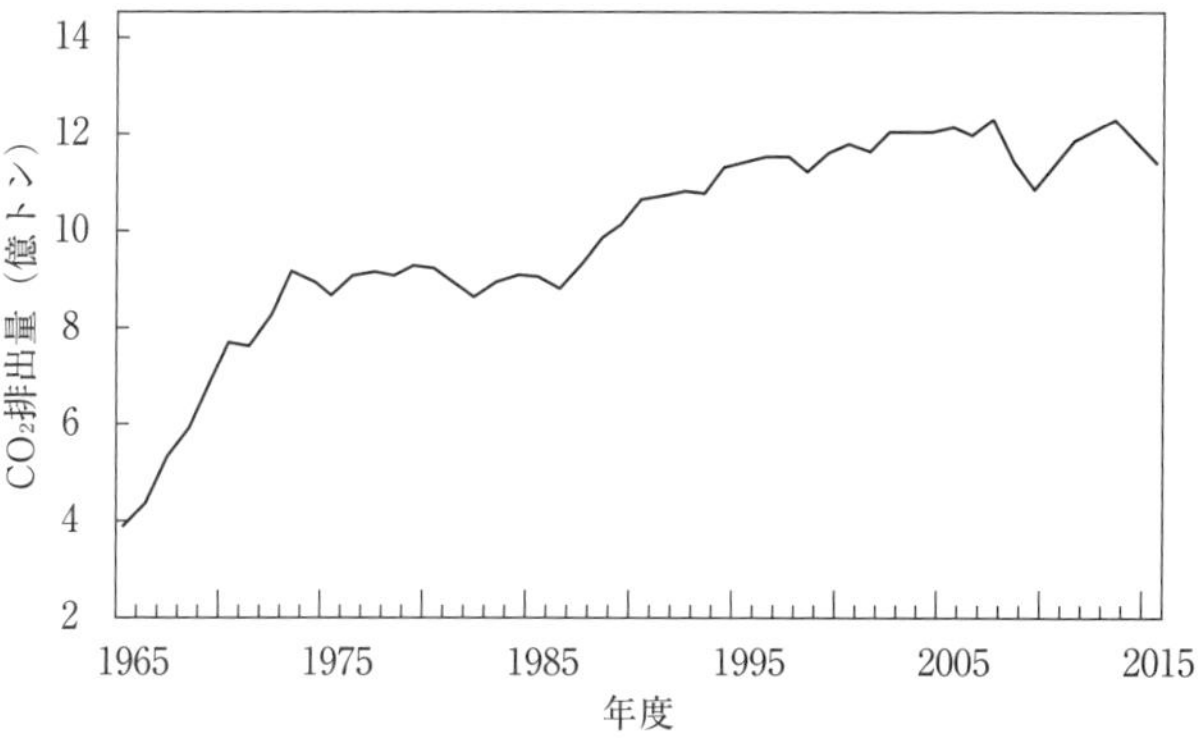

図 4.1　日本のエネルギー起源 CO_2 排出量：1965〜2015 年

［http: //www. env. go. jp/earth/ondanka/ghg-mrv/emissions/results/material/yoin_2015_2_2.pdf］

国の温暖化対策費（一三年間の計およそ一二兆円）のうち、予算書に「直接的なＣＯ^{2}削減効果が見込める」と書いてある項目だけの合計で、五兆七〇〇〇億円にのぼる。それほどの巨費を使ったからには、納税者として、排出が減った期間の少なくとも一部は「温暖化対策の成果」だと思いたい。だが現実はまったく違う。

図４・１では省いたけれど、環境省の原図には、排出量が増えた期間と減った期間にそれぞれ「要因」が付記してある。減った期間のうち、「対策時代」より前の「一九七四→七五年」と「一九八〇→八二年」は「オイルショック後の省エネ推進（原油供給量の減少）」、一九八八年は「金融危機に伴う景気後退」が要因だという。対策時代に入ってから目立つ「二〇〇八→〇九年」の排出量減少も、要因は「世界的な経済危機（リーマンショック）による景気後退」と書いてある。

排出量が増えた期間の要因も、八か所のうち五か所までが「経済活動」となっている（残る三か所は「原発の減少や停止」。最大規模の「二〇一一→一三年」は、いうまでもなく東日本大震災後の全面停止）。

要するに環境省も、CO_2排出量を変動させる要因のほとんどを経済活動とみている。それがホンネだろう。景気がよくなれば大量のエネルギーを使うためCO_2排出量が増え、不景気になれば減る。「温暖化対策の効果が見こめる」はタテマエにすぎない。機器類と社会インフラの省エネ化をほぼ終えた一九八五～九〇年以降は、温暖化対策につぎ込むお金も経済活動に回ってCO_2の排出を促してきた（京都議定書時代の考察は6章も参照）。

お金の魔力

CO_2の増加は社会にも生態系にも恵みなので（1章）、個人的には巨費がCO_2排出量を減らさなくてもかまわない。だが温暖化対策は、どうみても血税の「不適切使用」ではないのか？　政治家は、ときに一〇〇万円の不適切経理が発覚しても職を失う。いままで「温暖化対策に役立たなかった温暖化対策費」の総額は、一〇〇万円の三〇〇〇万倍を超す。温暖化がほんとうに心配なら、国や自治体は「何もしない」のがベストの姿勢だろう。

年に三兆円（5章の「再エネ補助金」を足せば五兆円）もの巨費は、福祉や医療、教育、防災など、はっきりした効果を期待できる大事な用途に回してほしい。

そう見抜いている政府関係者もいるだろうが（淡い期待）、どんな組織にとっても、いったん手にした予算は、死守する（できれば増やす）のが至上命令となり、増やせば担当部署の手柄になる。官庁にも自治体にもその力学が働いて、しばらくは無意味な「温暖化対策」がつづくのだろう。二〇一五年の七月と八月、全国市町村の首長や幹部数十名の前で以上のような話をさせていただいた折り、少なくとも一部の方々にはおわかりいただけた……と思いたい。

巨費は利権の温床となり、人々の行動を変える。その現実は、やはりCO_2排出を減らすはずのない再生可能エネルギーの業界（5章）にも、国と関連組織が配りつづける莫大な研究費に群がる学者の世界（6章）にも当てはまる。

実効ゼロのパリ協定

二〇一五年一二月一二日に気候変動枠組条約の締約国会議（COP）21で採択され、二〇一六年四月二二日に国連本部で一七五の国と地域が署名したパリ協定は、世界レベルの「温暖化対策」だということになっている。パリ協定の発効（二〇一六年一一月四日）をメディアはこぞって称え、たとえば同日の朝日新聞が高揚したトーンで一面にこう書いた。

地球温暖化対策の新しいルール「パリ協定」が四日、発効する。産業革命からの気温上昇を二度より低く抑えるため、二酸化炭素（CO_2）など温室効果ガスの排出を今世紀後半に実質ゼロにすることを目指す。すべての国が化石燃料に頼らない「脱炭素社会」を目指す仕組みが始まる。

だがパリ協定は画期的なのか？　各国の「目標設定」は義務化されたものの、さしあたり目標の達成義務はないし、達成できなかったときの罰則もまだ決まっていない。また、世界最多の排出量を誇る中国（左ページの図4・2）は、「二〇三〇年までにCO_2排出量が減り始めるよう努力する」と約束した。翻訳すれば「二〇三〇年まではがんがん出す」わけだから、世界の排出量が減るとは考えにくい。

実のところ中国は、国内で「脱石炭」を進める一方、「一帯一路」政策のもと、アジア・アフリカ諸国に石炭火力発電所の輸出攻勢をかけている（朝日新聞二〇一七年一二月二六日）。そうするとCO_2の排出量は、中国の国内で減っても、世界全体では間違いなく増える。

日本―八〇兆円で〇・〇〇一℃以下

日本は「二〇一三年比で二〇三〇年に二六％削減」を約束した。内訳は、「エネルギー起源CO_2」が二一・九％、「その他温室効果ガス」が一・五％、「吸収源対策」が二・六％だという。三番目は「森林がCO_2を吸収する」という非科学だが、こまかい考察をしても空しいだけなので無視したい。要するに日本は、二〇一三年から三〇年までの一七年間に、CO_2排出量を二一・九％だけ減らすと宣言した。減らせるはずはないけれど、減ら

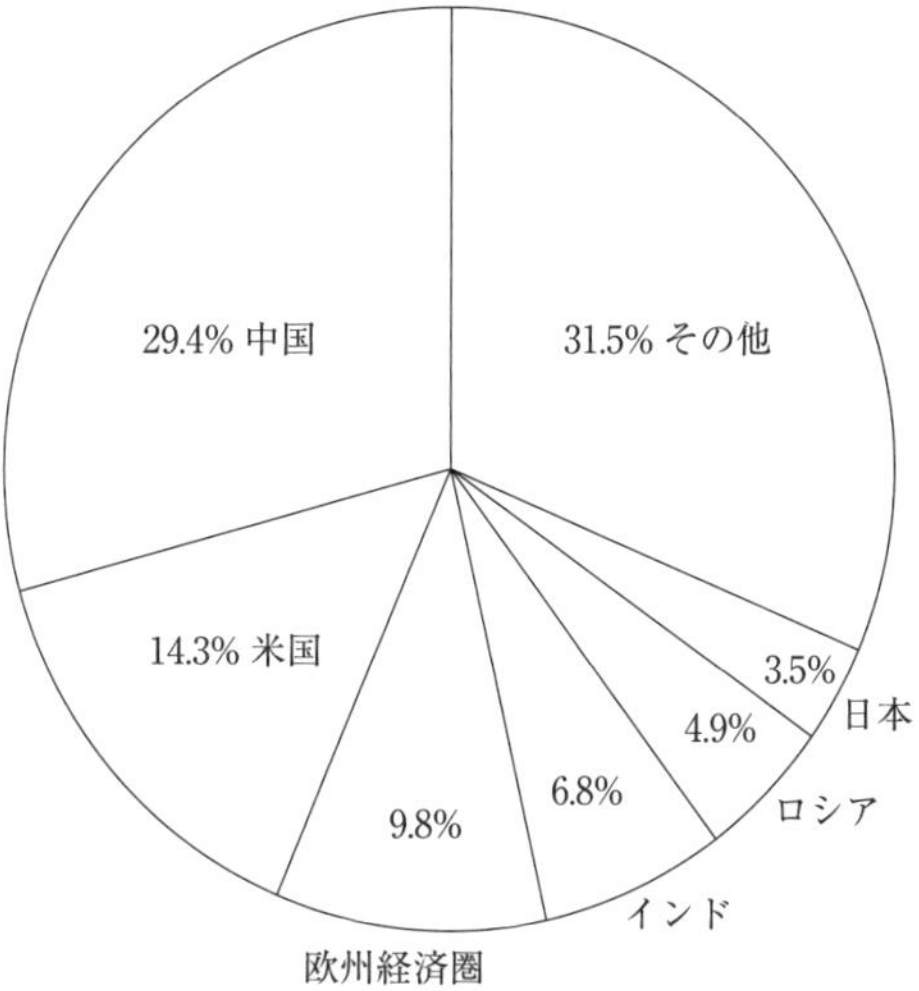

図 4.2　CO_2排出量の国・地域分布：2015 年

［http://edgar.jrc.ec.europa.eu/overview.php?v=CO2ts1990-2015&sort=des9］

せたとしたらいったい何が起こるのだろう？

　二〇一五年に世界のCO_2排出量の内訳は図4・2の姿だった（欧州共同体の発表データ）。

　二〇一三～三〇年の一八年間に、地球の気温はどれほど上がるのか？　図2・1の右端あたりに引いた直線（一〇〇年で一・五℃）と同じ勢いなら、〇・二七℃になる。人為的CO_2の寄与はその一部なので（一四八ページ）、多めにみて〇・二七℃のほぼ半分、〇・一五℃としよう。

　それなら、CO_2を世界の三・五%しか出さない日本が二一・九%だけ減らしたとき、地球を冷やす効果は「〇・一五℃×〇・〇三五×〇・二一九」つまり〇・〇〇一℃にすぎない。超高級な温度計でも測れない変化にあたる。

　その一八年間、従来のまま温暖化対策費を使いつづけるとすれば、総額はほぼ五〇兆円になる。

また、やはり温暖化対策のためと称して二〇一二年に導入された「再エネ発電賦課金《ふかきん》」が三〇兆円ほど使われ（一四六ページ）、それを合わせると約八〇兆円にのぼる。

使った巨費がエネルギー消費（CO_2排出）を促すため、「〇・〇〇一℃の低下」も甘い。つまりパリ協定のもとで日本の約束は、八〇兆円も使って地球をほとんど冷やさない営みだ。

八〇兆円をつぎ込んで最大〇・〇〇一℃しか冷やせない——という明白な事実を政府が正直に発表し、それをメディアが報じてくれれば、集団ヒステリーめいた「温暖化対策」騒動も沈静化に向かうのではないか。

日本の長期目標は「二〇五〇年までに二〇一三年比八〇％削減」だという。威勢だけはいいスローガンだが、かりに八〇％削減ができたとしても、二〇〇兆円ほど使って地球を最大〇・〇〇三℃しか冷やせない。税金の使途として最悪だろう。

世界—二一〇〇年時点の「成果」

世界的ベストセラー『環境危機をあおってはいけない』（邦訳：山形浩生、二〇〇三年）の著者、デンマークの政治学者ビョルン・ロンボルグが『二〇一七年の事実集』第15章で、経済学のモデルを使い、パリ協定の「成果」を分析している。腑《ふ》に落ちる点も多いので紹介しておきたい。

まず、二〇一六〜三〇年の一五年間にあらゆる国が約束どおりのCO_2排出削減をしたところで、二一〇〇年時点の気温はたったの〇・〇五℃しか下がらない。また、やはり万国が「二〇一六〜三〇年の約束を二一〇〇年まで守り続ける」場合、最終的な気温低下はやや大きくなるものの、それでも体感さえできない〇・一七℃にとどまる。つまり世界各国が「温暖化対策」に励んでも、二一〇〇年時点の地球を冷やす効果はほとんどないのだ。

使われる経費はどうか？　約束どおりに二〇三〇年まで進んだら、全世界で使われるお金は年々一〇〇兆円（現在からの一二年間で一二〇〇兆円）にのぼるという。

一二〇〇兆円を投入し、二一〇〇年時点の地球を〇・〇五℃だけ冷やす――どうみても愚劣のきわみだろう。モラノ氏（一八五ページ）がパリ協定を「人類史上最悪の国際協定」と評する。そんな話に各国の政治家や官僚、科学者、メディアが踊りまくっている現実には寒気すら覚える。

国際協定の素顔　京都議定書がそうだったように（6章一六九ページ）、パリ協定があろうとなかろうと、たぶん各国は何もしない。二〇一七年六月にパリ協定からの離脱を宣言した米国のトランプ政権が二〇一八年一月一〇日、「条件しだいでは復帰もありうる」と表明した。ただし、一月一二日の産経新聞がまとめたように、「中国が気候変動対策を主導する姿勢を強めており、米国の国際的な指導力の低下を懸念する声が出ていた」。つまりは国際政治力学の話にすぎず、トランプ氏が温暖化を心配しているわけではない。

ハンガリー生まれの化学者イストヴァン・マルコ教授が、死に先立つ二〇一六年、米国ウェブニュースの取材に応え、発言の最後をこう締めくくった（二〇一七年一〇月二八日WUWT記事）。

パリ協定は、根拠などほとんどない「二℃上昇」を食い止めて地球を守ろうという触れこみですが、それはオモテの顔にすぎません。過去の例あれこれと同様、国際交渉の場で発言力を強めたいとか、他国の富を奪いたいとか、機に乗じて儲けたいとか、そんな欲望を包み隠した人間たちの仮面舞踏会なんです。各国の企業人は、儲ける絶好のチャンスだと手ぐすねを引いていますよ。

地球環境や未来世代を心から気にかけ、パリ協定の発効を賛美する人も多いのだけれど、マルコ教授の発言は、国際的な約束ごとの本質を突いているように思える。

二〇一八年四月一三日に国際海事機関は、「二〇五〇年までに船のCO_2排出量半減を目指す」と決議した。その成否はともかくとして、機材の省エネ化が進んだ日本の造船業界は「手ぐすねを引いて」いるだろう（四月一五日産経新聞）。

脱炭素という妄想

主題か副題に「低炭素」を使った和書は二〇〇八年ごろ現れ始め、すでに七〇冊を超す。CO_2排出を減らすのが人類の使命——と唱える本の群れだ。近ごろは「脱炭素」つまり「二〇五〇年までに排出ほぼゼロ」を叫ぶ人さえいる。二〇一七年七月三一日の日経BPオンラインに、弁護士の

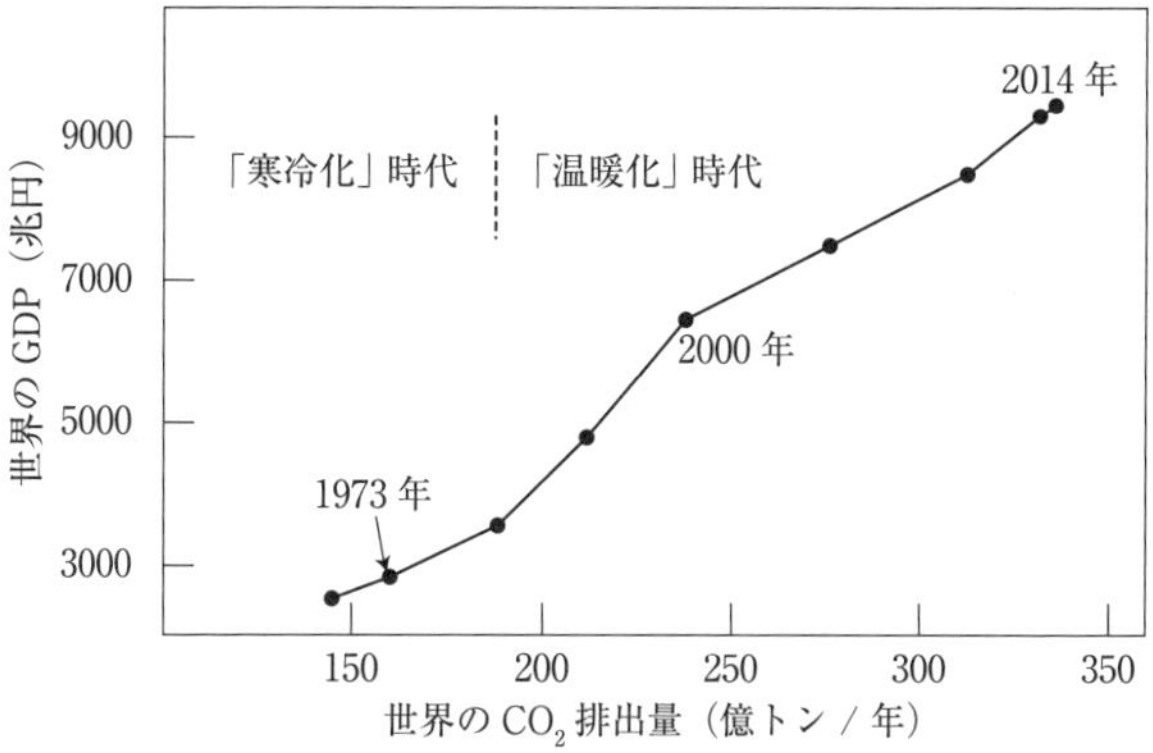

図4.3　世界のCO_2排出量とGDP：1971〜2014年

［日本エネルギー経済研究所『エネルギー・経済統計要覧2017』より作図］

佐藤長英氏がこう書いていた。

日本はパリ協定を批准し、「二〇五〇年度八〇％削減」という壮大な目標を掲げています。目標の達成は非常に難しいのが実情です。「排出量取引制度や炭素税が今度こそ導入されるのではないか」。そんな声も聞こえてきます。

冗談だと思いたい。炭素税は国の歳入を増やして経済を活性化させるだろうが、社会の省エネ化が進んだ先進国なら、使った金額に見合う量のCO₂が必ず出てしまうため、排出は減りようがない。いわゆる環境ビジネスも、人間や経費の動きに見合う量のCO₂を出す（CO₂排出を「増やす」とはいわないが）。

二〇一七年一二月一七日のNHKスペシャル「激

変する世界ビジネス　脱炭素革命の衝撃」は、地球温暖化を口実にして儲けようとするグローバル企業あれこれの紹介だった。そういうお粗末な番組を視るたびに、高い受信料を払うのが馬鹿らしくなる。

化石資源の恩恵

一九七一年から二〇一四年までの四四年間につき、世界のCO_2排出量（化石資源の消費量）とGDP（国内総生産。生活水準や豊かさの指標）の関係を図4・3に描いた（「寒冷化」と「温暖化」の意味は2章五七ページ参照）。

一八世紀の産業革命も、以後に進んだ先進国の工業化も、CO_2を出すおかげとはいわないまでも、化石資源のおかげだった。とくに石炭は価格が安く、たとえば二一世紀に入ってからの日本だと、同じ発熱量あたりで石炭の輸入価格は石油や天然ガスの半分に満たず、四～五分の一だった時期さえある（二〇〇七・〇八年、二〇一三・一四年など）。

また、英国BP社の統計によると、過去二五年間（一九九二～二〇一六年）で化石資源の消費量は一・六倍近くに増え、それが新興国と途上国の工業化を支えてきた。日本人全体の平均寿命が一九五〇年の六〇歳から現在の八四歳へと延びたのも、化石資源のおかげだった。

化石資源の大半は、二～三億年前に植物がしてくれた光合成の直接・間接的な産物だから（天然ガスの一部は地下深くの地質現象から生まれるという説もある）、量が有限なのは間違いない。

「低炭素」や「脱炭素」を唱える人は、温暖化のほか化石資源の枯渇も心配なのだろう。だが性

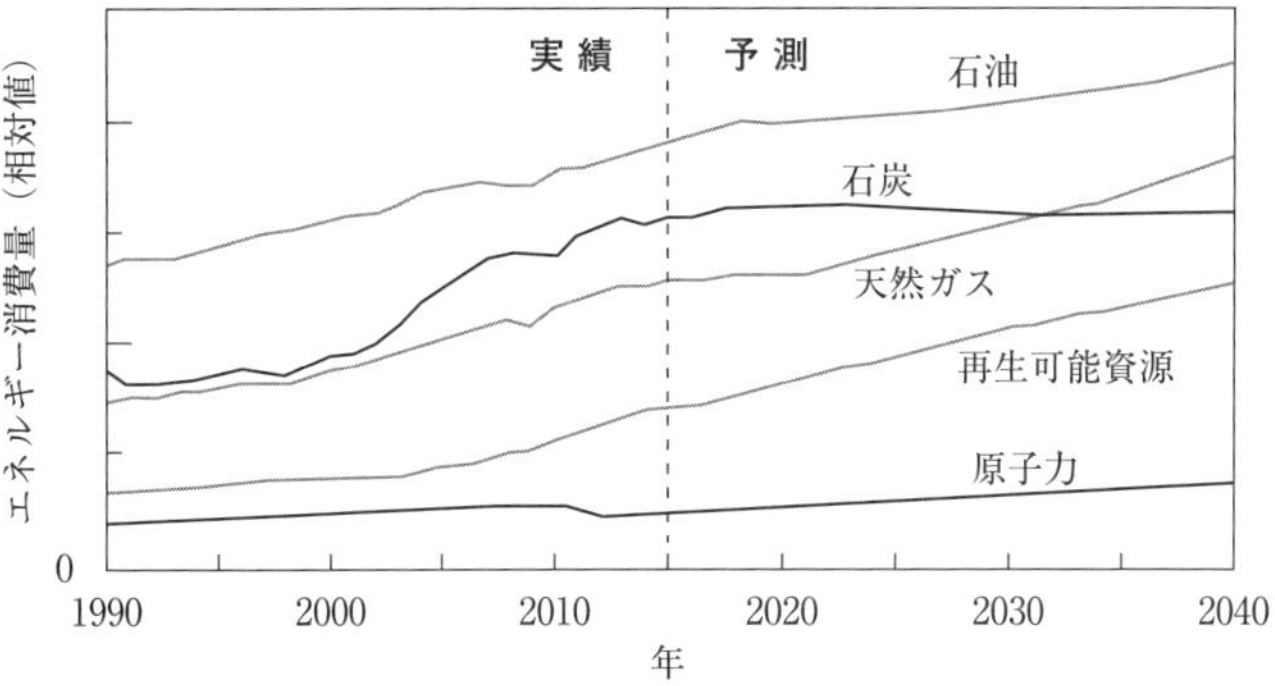

図 4.4　世界消費エネルギー源の比率：実績と予測（2015〜2040 年）
［https://www.eia.gov/todayinenergy/detail.php?id=32912］

急で極端なやりかたは、途上国を痛めつける。世界には、まだ電気を使えない人々が一〇億以上、しじゅう停電に見舞われる人々が二〇億ほどいる。化石資源を使う安価な発電や輸送、産業活動を禁じたら、途上国の発展は止まってしまう。ピールキ教授（七三ページ）にいわせると、再エネの推進は「貧しさにあえぐ国々の希望を打ち砕く」のだ。

なおつづく炭素の時代　これからの数十年、化石資源はどれほど使えるのだろう？　米国エネルギー省のエネルギー情報局が二〇一七年九月に、一九九〇〜二〇一五年の消費実績と、二〇一五〜四〇年の消費予測を発表している（図4・4）。

「二〇一五 → 四〇年」で消費量は、石炭が横ばい、石油が一八％の増、天然ガスが四三％の増だという。また二〇四〇年の時点で総エネルギー消費に占める割合は、化石資源全体が七七％以上、原子力が五％以上、薪と水

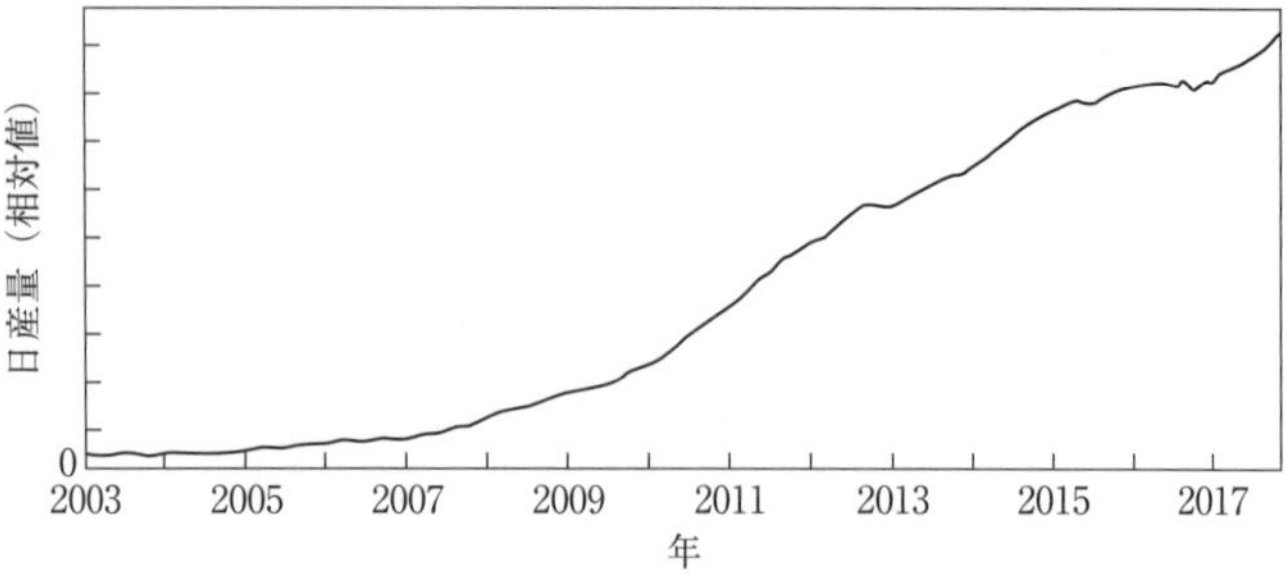

図 4.5　米国のシェールガス日産量：2003 年〜2017 年 11 月
［https://www.eia.gov/dnav/ng/ng_prod_shalegas_s1_a.htm］

力を含む再生可能資源が一七％と予測されている。脱炭素の時代など到来しそうにない。

意外に多い化石資源　ふつう化石資源の量は、可採年数（いまのペースで掘りつづけたら何年もつか）で表す。五〇年ほど前の講義では石炭も石油も「あと四〇年」と教わって、たいていの本にもそう書いてあった。しかし以後、資源探査や採掘の技術が進むにつれ、可採年数は伸びつづけている（むろん永久に伸びつづけるはずはないが）。

昨今の予想値は、見積もる機関ごとにずいぶん違う。たとえば英国に本拠を置く石油企業BP社が二〇一五年に発表した可採年数は、石炭一一四年、石油五三年、天然ガス五一年だった。かたやエクソンモービル社は二〇一六年に、採掘技術の進歩を見込んだ可採年数として、BP社の予測より三〜四倍も長い「石油一五〇年」「天然ガス二〇〇年以上」を発表している。石油輸出国機構などが公表する埋蔵量は、国際政治状況をにらんで調整した値のようだから、可採年数の見積もりは今後もどんどん変わっていくだろう。

米国の石炭に限っても、エネルギー情報局の見積もりで、国内需要の二〇〇～三〇〇年分はあるという（一〇〇〇年以上という見積もりも見た）。また、情報通信社ブルームバーグが二〇一八年二月一一日に発表した数字によれば、同年に入ってから米国の月ごとの石油生産量は、かつてのピーク期だった一九七〇年を超え、過去最高を記録した。

天然ガス（メタン）のうち、頁岩《けつがん》（シェール）の層から採れるものをシェールガスとよぶ。鉱床は中国、米国、カナダ、南米など各地にある。米国のシェールガス生産は二一世紀になって本格化し、図4・5のように伸びてきた。二〇世紀のうちはまず話題にならなかった化石資源だ。

二〇一五年に米国のシェールガスだけで世界の天然ガス総生産量の一二％を占め、二〇一七年には一五％も占めている。以上のことを総合すると、化石資源は今後一〇〇年くらい確実に利用でき、ひょっとしたら二〇〇年以上もつ。

エネルギー源の未来　一〇〇～二〇〇年後に枯れる（かもしれない）化石資源のことを、現代人はどれほど気に病むべきなのか？　子孫はうまくやっていく、と私はみている。

二〇世紀の後半以降、科学技術の進歩は速い。わずか五〇年前は、パソコンやケータイ、スマホはおろかコピー機や電卓も影さえなくて、論文の原稿は手動タイプライターで打つ時代だった。日用品だと、使い捨てライターもクリアファイルもまだ出回っていなかった。五〇年後の便利な暮らしを想像できた人は誰もいない。自販機も自動改札も夢物語だった。

五〇～一〇〇年後でもいいから核融合が成功すれば、エネルギーの心配はなくなる。トリウム溶融塩を使う原発が実現している可能性もある。当面はまだ勇み足のバイオマス（5章）、つまり「いま降り注ぐ太陽エネルギーの化身」も、利用技術が進歩する結果、人口がかなり減った一〇〇年後なら地球上の全員を養えるかもしれない（一五五ページ参照）。

人為的CO_2が起こす温暖化は心配いらない（3章）。化石資源の枯渇も、いまの延長上で一〇〇年後や二〇〇年後を気に病むのは時間のムダだろうし、精神衛生にも悪い。

CCSという妄想　工場や発電所の排ガスが含むCO_2を集め、炭鉱や油井の廃坑に注入する営みをCCS（二酸化炭素の回収・隔離）とよぶ。温暖化対策の切り札はCCSだ――と叫ぶ識者も多い。けれどCO_2を回収・分離・濃縮して液化し、ポンプで注入するには莫大なエネルギーを使うから、隔離した量より多いCO_2が根元で出るに違いない。地下に注入したCO_2も、強烈な地震がくれば噴き出るだろう。

一五年ほど前、新エネルギー・産業技術総合開発機構の依頼で、「CCS技術提案書」の審査にあたったことがある。まずは「CCSに意味があるとは思いません。たぶん日本でいちばん不適切な審査員ですよ」とお断りしたけれど、課長氏が「私の感性もそれに近いので、かまわない。順位づけさえしてもらえれば」とおっしゃったので引き受けた。どの提案書も正味でCO_2排出を増やす話だったし、数十億円を配る出来レースにも見えたが、いい社会勉強にはなった。

「エコ製品」という錯覚

昨今、ハイブリッド車や電気自動車、燃料電池車など「次世代自動車」を称える人が多い。二〇一七年の七月に英国とフランスが「二〇四〇年までにガソリン車・ディーゼル車の販売禁止」を表明して日本の自動車業界は岐路を迎えた……という報道があった。だが現実的とは思えない。電気自動車が増殖すれば、必ずや電力不足が世界を見舞う。また、どんな次世代自動車も、正味でCO_2排出を減らすかどうか疑わしい。

燃料電池車の場合、電池反応を促す触媒（白金）だけで一台あたり数十万円分も要し、高価な電池を数年ごとに買い替えなければいけない。また、モーターにも電池の電極にも、入手しやすくない希少金属をずいぶん使う。そんなクルマが「エコカー」であるはずはない。

ガソリン車やディーゼル車と比べ、走行中にCO_2を出さない点を強調するのはおかしい（水素や電気をつくるときに、CO_2が出るのだから）。窒素酸化物や硫黄酸化物、粒子状物質を出さない（大気を汚さない）面だけはプラスだが、先進国でその対策は一九八五年ごろにすんでいる（終章）。新興国や途上国なら大いに意味はあるけれど。

東京都は二〇一八年一月九日、世の風潮に迎合してか、二〇四〇年代までに都内でのガソリン車販売ゼロを目指すと発表した。「低炭素都市の実現」に向けた計画らしいが、一都民としてはぜひやめてほしい。

口先だけの人々

言行不一致　自分のことは棚に上げ、他人にCO_2排出削減（温暖化対策）を説く人や組織が多い［英語でいう〝Do as I say, not as I do（俺のいうとおりにしろ。俺のすることは見るな）〟の世界］。やや旧聞に属するが偽善者の典型は、一般家庭の二〇倍も電気を使う豪邸三つを構え、搭乗者あたり莫大なCO_2を吐く自家用ジェットで飛び回り、内容のあやしい著書と映画『不都合な真実』で温暖化の脅威をあおった（いまもあおる）米国の元副大統領アル・ゴアか。

日本にも、CO_2削減論者のうちには、都心に住みながら自家用車や公用車を乗り回す人がいる。数年前から大増殖したスマホは中型火力発電所ほぼ一基分の電力を消費する（根元でCO_2を出す）のだが、スマホを常用してCO_2の排出増に加担しながら他人にCO_2削減を説く人を見て首をひねるのは、スマホに用のない私だけではないだろう。

温暖化に警鐘を鳴らしてパリ協定を称え、CO_2削減を呼びかけるメディアも多い。たとえば二〇一七年一二月一四日の朝日新聞に、「『脱炭素』遅れを取る日本　CO_2削減進まず　成長も停滞」と題する編集委員・石井徹氏の意見が載った。また二〇一八年一月一三日の同紙は、「CO_2排出を増やす」石炭火力四〇基の建設計画をなじる調子で社説にこう書いた。

すべて実現すれば石炭火力の発電能力は四割ほど増し、CO_2排出量が国の想定を大幅に超える恐れが強い。……世界の潮目を変えたのは、一五年に採択された温暖化対策のパリ協定だ。……世界の流れに背を向けるような政策は長続きしない。……火力の中では、CO_2排出が少ない天然ガスを主軸に据える。……建設を計画している各社には、状況の変化を踏まえた見直しを求めたい。

二〇一八年二月二四日にも同紙は、一面の五段記事と別面の「解説」で石井氏と小坪遊記者がパリ協定を称え、温暖化の恐怖をあおりつつ、万国の民は「脱炭素化」などでCO_2削減に励め……という趣旨の訓話を載せていた。

幹部がそんなご意見の企業なら、何はさておき国民に範を示すため、新聞なら紙媒体をやめて電子版だけにするとか、テレビなら深夜放送をやめるとか、業務を縮小してエネルギーと資源の消費量削減をお考えになってはどうなのか。実行なされば、お望みどおり国のCO_2排出は（わずかでも）確実に減るはずなので。

そんな動きがまったくない現実からわかるとおり、地球温暖化やCO_2排出増を本気で心配する人など、誰一人いないのだ。

逆向きの政策

日本政府は二〇一七年一二月二二日、一八年度の予算案を閣議決定した（二三日の産経新聞記事)。CO_2削減関連では、国税だけで年々およそ一兆円の温暖化対策費に比べると微々たるものだが、再生可能エネルギー導入費を三倍増の七五億円、「次世代自動車」の購入補助を七億円増の一三〇億円にしている。

同じ紙面に観光庁関連として、「訪日客呼び込みで大幅増額」の見出しが躍る。二〇二〇年の訪日観光客を四〇〇〇万人に増やそうと、一八%増の二四八億円を使う(訪日客数は、二〇一七年に五年連続で過去最高となる二八〇〇万人を数えた)。外国からの旅行者が増えれば、動員する観光バスの台数などが増える結果、国のCO_2排出量も増えるだろうに。

二〇一七年一一月一〇日には東京都の小池知事が、ニューヨーク市と「相互観光PRパートナーシップ」なるものを結び、二〇二〇年までに都内を訪れる外国人観光客を二五〇〇万人に増やす——と発表した。どうみてもCO_2排出を増やす計画だから、LED電球交換(序章)の精神とはぴったり逆を向いている。

先ほどのメディアと同じく政府も東京都も、温暖化やCO_2排出増を心配しているわけではない。ただし、ベクトルが逆向きに見える政府予算の二分野は、「経済活性化」「景気浮揚」の面で共通している。つまり名目はどうでもよくて、元気な国にしたいだけなのだろう。むろん私もそれには心から賛同するが、能書きと到達点のミスマッチが気に入らない。

「予防」ではなく「適応」を

今後どれほど温暖化が進むのかは不明ながら、気候変動の進みは十分に遅い。もし何か危険なことが起こるなら、その兆候がくっきりと見えたとき、適応をゆっくり考えればよい。たいていのことには現在の技術で対応できるし、技術はこれからも進んでいく。

たとえば、さしあたりほとんどが自然変動だと思える海面上昇（図3・10）は、年に二〜三ミリメートルだから、一回の世代交代が起こる三〇年間で、最大一〇センチメートルにすぎない。かりに人為的CO_2が海面上昇を加速するとしても（加速しそうはないけれど）、いま現役で活躍中の人々がほぼ他界している二一世紀の後半に、三〇年あたりせいぜい二〇センチメートルか。それにあわてふためく子孫の姿は想像できない。

海面上昇なら、地球全体を気にかける必要はない。住んでいる場所に近い潮位計の読みだけを監視し、潮位が上がる気配がくっきりと見えたとき、あわてずに護岸工事を始めればすむ。

異常気象といわれるもののほとんどは気のせいだろう。台風の勢いが強まったとか上陸数が増えた事実はないし、日本で将来いつか、昭和の三大台風クラスの被害が出るとは思えない。フィリピンやバングラデシュでときおり起こる甚大な気象災害は、大部分が人災だといえる。

被害が増えたように見える背後には、森林の放置とか宅地開発などを通じた国土の荒廃がある。

まず役に立たない温暖化対策費（再エネ補助金も含めて年五兆円）の一部を防災に充てるだけでも、洪水や土砂崩れの被害はそうとう減るにちがいない。

プラス面とマイナス面を総合すると、「温暖化」自体にはプラス面がずっと多い。かたや、予防にあたる「温暖化対策」は、巨費のドブ捨てを含め、マイナス面のほうがずっと多い。

IPCCの人為的CO_2脅威論が正しいなら、温暖化対策の目標は一つしかない。CO_2濃度の増加曲線（図1・1）を抑え込むことだ。国のCO_2排出が数%減ったとか増えたとか、炭素税に意味があるとかないとか、ガソリン車と比べて電気自動車はいいとか悪いとか、そんなことをいくら論じ合っても仕方ない。全世界で使ってきた二〇〇兆円以上の温暖化対策費がいっさい役に立たなかったことは、図1・1から一目瞭然だろう。

二〇一八年五月の一〇日間ほどドイツのボンで、約二〇〇か国の代表がパリ協定のルールづくりを話し合う国連主催の会合があった。しかし過去の類例に洩れず、「異常気象など」に備える巨額な金銭支援を要求する途上国と、確実なCO_2排出削減計画を途上国に要請する先進国の押し問答に終始し、年末のCOPに向けた文書もできないまま閉幕している（五月一一日『ワシントン・ポスト』紙）。そのため九月にバンコクで一週間の追加会合を開くことになったけれど、大がかりな人間活動がまた世界のCO_2排出を増やすだろう。

5章　再生可能エネルギー——一理百害

「世の中っていうのはこんなものなのかしら」「現実は厳しい」「厳しいとは思わない。浅ましいとは思う」

「そうだな。まったく——浅ましい現実だ。……現実を浅ましくするのは、浅ましい連中がいるからだ」

池井戸　潤『果つる底なき』

二〇一八年一月一九日にNHKは朝のニュースで、おおむね次のようなことを報じた。

米航空宇宙局NASAによると昨年の世界平均気温は、一九五一～八〇年の平均より〇・九℃高く、二〇一六年に次いで二番目に高かった。エルニーニョ現象がなかった年としては最高記録。南極周辺の氷も最少を記録したという。NASAは「CO_2などを出す人間活動が最大の要因」と警告を発する。トランプ政権は温暖化対策に否定的だが、今回の発表は、温暖化の傾向に歯止めがかからず、十分な対策がとられていない現状を改めて示す。

気温データの加工（2章）に励むNASAの発表は鵜呑みにできない。現在が小氷期からの回復途上なら（五一ページ）、年ごとの記録更新も不思議ではない。二〇一五・一六年の強いエルニーニョは一七年まで後を引いたし（二〇一八年一月二四日のWUWT記事）、南極の海氷減少は気温と関係ない一過性のことだった（八八ページ）。それはともかく、「十分でない」という「対策」の話になると、太陽光や風力、バイオマスなど「再生可能エネルギー」が話題をさらう。

少し前、二〇一七年一〇月二〇日のNHKニュースが、大手住宅メーカー環境推進部長氏のこんな発言を取り上げていた。

二〇四〇年までに、自社で使う電力の全部を再生可能エネルギーでまかなう。そのため、販売住宅の太陽光パネルで発電した電気を購入する。パリ協定が発効したこともあって、環境に貢献できない企業は生き残れない。全世界でCO_2を削減しようとする流れの中、お客様の太陽光を使って目標を達成したい。

CO_2の削減がなぜ「環境貢献」なのか凡人には理解できないのだが、それよりなにより、そもそも太陽光発電や風力発電はCO_2排出を減らすのか？

おかしな用語

理系の身には、まず「再生可能エネルギー」という語が気味悪い。エネルギーは、形や使い勝手は変わるものの、生成も消滅もしないので再生はありえない（熱力学第一法則）。原語の renewable energy がよくなかったとみる欧米人も多い。

再生可能エネルギーとは、太陽から届く光と熱のエネルギー、地球物理現象から生まれる海流エネルギー、地球—月の引き合いが生む潮汐《ちょうせき》エネルギーなどをいう。太陽の光エネルギーは、光合成（1章）を通じて生物体＝バイオマスの化学エネルギーに変わり、太陽電池を通じて電力に変わる。熱エネルギーのほうは、風力発電と水力発電につながる。

要するに、「自然エネルギー」や「再生可能エネルギー資源」と呼べばよかった。ただし以下では字数節約のため「再エネ」と書き、そのうち太陽光発電と風力発電をおもに扱う。

一理だけ　一〇〇〜二〇〇年後にくる（かもしれない）化石資源の枯渇に備え、ポスト化石資源時代の策を考えておくのは悪くない。再エネが有望そうなら、「検討の開始」には一理ある。だが、「すぐ役に立つ」ものではなかった。

なぜかというと、再エネはまだ自立できていない。化石資源の助けがあればこそ成り立つ技術で、つぎ込む大量の化石資源が最終的な発電単価を上げる（一四二ページ参照）。むろん化石資源を使うときは必ずCO_2が出るため、CO_2削減にもほとんど役立たない。

マネーゲーム　「再生可能　発電　投資」と打ってネット検索すれば、「約三九〇万」という件数告知につづき、次々と記事が出る。メガバンクなど金融機関のほとんどが、再エネ事業への融資をしているらしい。朝日新聞も二〇一八年一月八日の「なるほどマネー」欄、「投資の新『常識』⑧『太陽光』八銘柄に注目」という記事で、再エネへの投資を称えていた。

新しい仕事が経済を活性化させるのは、悪いことではない。だが日本のような先進国なら、経済の活性化はエネルギー消費を促し、根元でCO_2を出す。差し引きCO_2排出を「増やす」とはいわないまでも、世に出回るお金の量が減らないかぎり、CO_2の排出は減りようもない。

再エネの百害　再エネの推進にはマイナス面が多い。一見うるわしい「補助金」は、貧困層から富裕層へと流れて社会格差を拡大する（一五〇ページ）。メガソーラーや風車は景観を壊し、豪雨の害を大きくもする（一四六ページ）。農産物を化学処理して燃料にする営みは、ときに食品や飼料の価格を上げる（一五七ページ）。

再エネの狂乱が早く静まるよう祈りつつ、そうしたことを本章で考察したい。

再エネの比率

林立する風車やメガソーラー施設など、見た目が華やかなためテレビや新聞や雑誌が取り上げたがる再エネも、総発電量に占める比率はまだ小さい。資源エネルギー庁が『エネルギー白書201

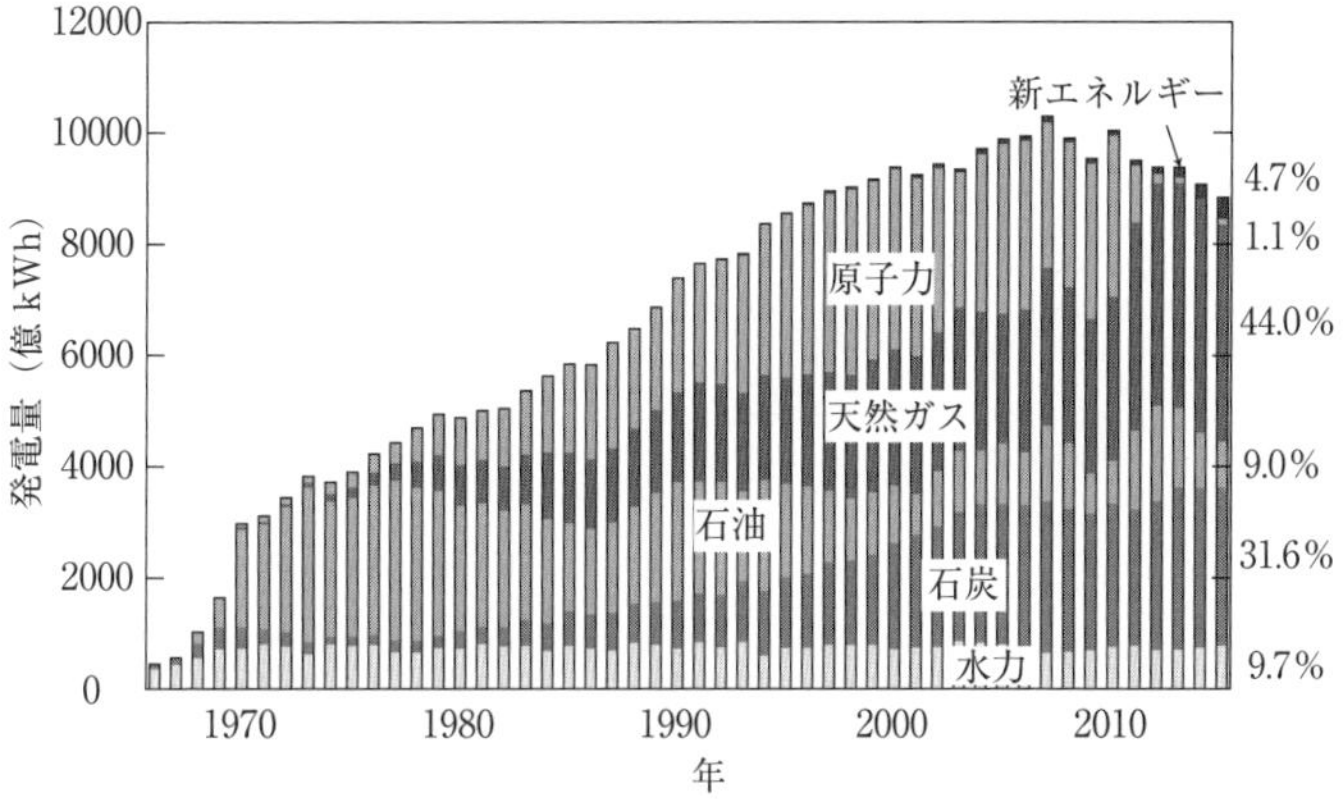

図 5.1　日本の発電量と発電方式の内訳：1952〜2015 年
［経産省・資源エネルギー庁『エネルギー白書 2017』の図を改変］

7』に載せている最新データを図5・1にした（左端に近い四つの年は一九五二、五五、六〇、六五年。なお現在の日本では、総エネルギー消費の半分近くを電力が占める）。

図5・1をじっくり見れば、一九六〇年までは水力の時代、六〇～七五年は「石油＋水力」時代、以後二〇一〇年までは「化石資源＋原子力＋水力」時代だったとわかる。二〇一一年三月の大震災をきっかけに原発がほぼ止まった結果、石炭と天然ガスに頼る時代が始まった。二〇一八年五月の時点で八基が再稼働している原発も、数を増やしていくだろう。そうした安定電源があればこそ、暮らしも産業も成り立つ。

まだ端役　図5・1中の「新エネルギー」が、一般水力を除く再エネ発電（太陽光発電、風力発電、地熱発電、バイオマス発電＝ゴミ発電、小規模水力発電）を表している。二〇一〇年の一％台から少しずつ増え、二〇一三年に三％弱となったものの、二〇一五年でもまだ五％に届かない。これからも補助金ねらいで徐々に増え、いずれ一〇％に近づくかもしれないが、それ以上に増えると社会の混乱を招く（一三九ページ）。

なお、説明なしに「水力」を含めて「再エネ比率」を大きく見せる統計や報道が目立つので、こうした数字を見るときはよく注意しよう。

日本社会を支える電力は、少なくとも二〇四〇～五〇年まで、ひょっとすると二一〇〇年ごろまでも、約一〇％分を担う水力のほかは、おもに石炭・石油・天然ガス（化石資源）と原発で生むことになるだろう。

再エネの二四〇〇年史　デンマークのロンボルグ（一一六ページ）が図5・2をつくり、自身のフェイスブックで紹介した（二〇一七年一一月二六日のWUWT記事）。再エネ利用の目で見たときに、過去から近未来までの二四〇〇年間がどんな時代なのかを教えてくれる。

過去二世紀以上の人類史は、再エネ（おもに薪）の利用を減らし、頼りになる化石資源の利用を増やす歴史だった。再エネの比率は一九七〇年代に一二～一三％へと落ちたが、うち水力は三％台しかなく、残るほぼ一〇％を炊事や暖房に使う薪が占める（総エネルギー消費の八〇％以上を薪や家畜の糞でまかなう途上国はいまなお多い）。

再エネの比率をまた増やそうというのが、パリ協定のココロにほかならない。ロンボルグの試算

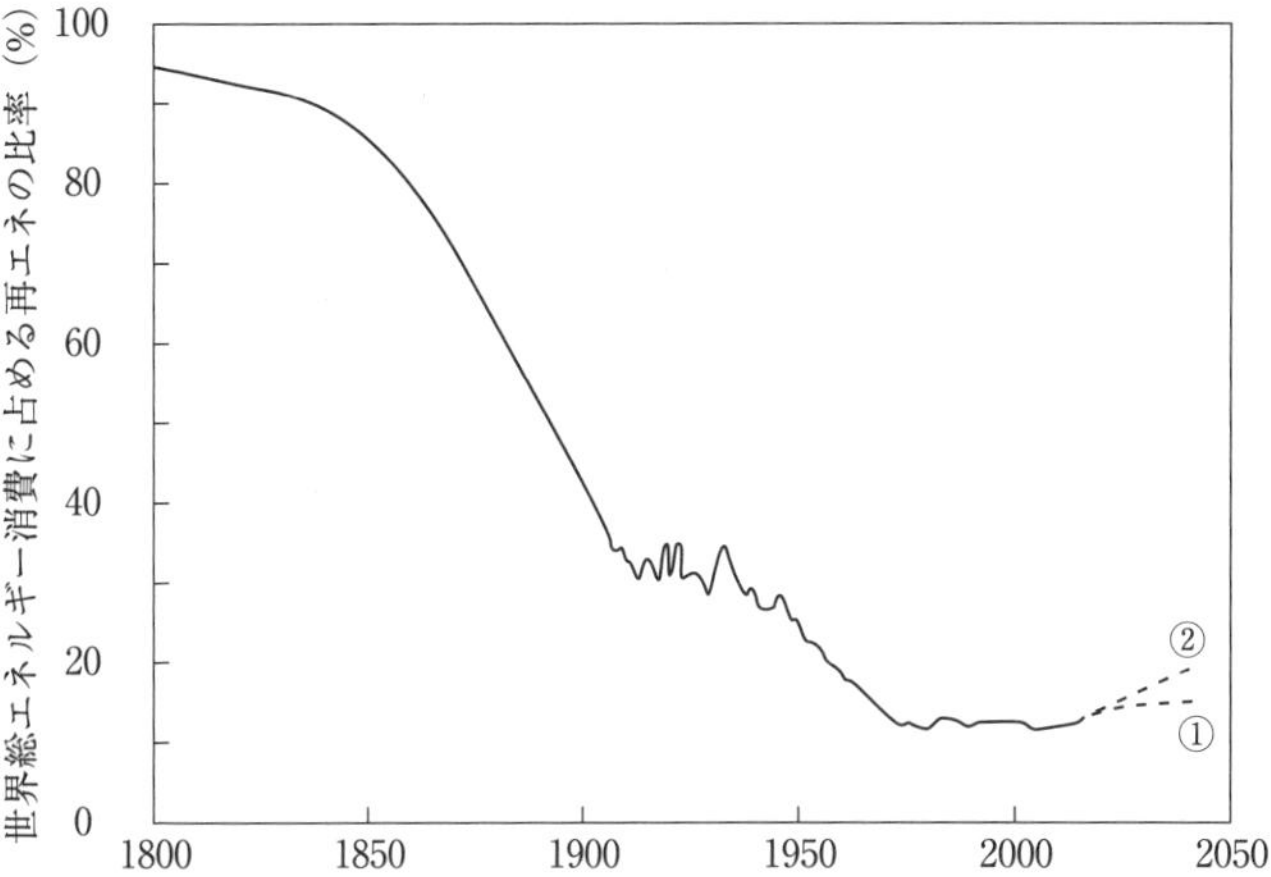

図 5.2　再エネ利用比率の実績と予測：1800〜2040 年

①現状のまま進むとき、②万国がパリ協定の約束を守るとき

［https://www.facebook.com/bjornlomborg/posts/10156259062523968］

によると、すべての国がパリ協定の約束を守った場合、二〇四〇年に再エネの比率が一九%台に届く。ただし現実的な値はせいぜい一六%だろうという。

発電だけを考えたとき、「理想」の一九%台を想定しても、二〇四〇年時点で世界の総発電量に占める「太陽光＋風力」の比率はまだ四%足らず（約一五%は薪＋水力）——とロンボルグはみる。その目標に向け、お金をいくら使うのか？　国際エネルギー機関の見積もりでは、二〇一七〜四〇年の二四年間に約四〇〇兆円もの補助金（諸国民の払う税金）が使われる。太陽光と風力が自立できる電源なら、補助金など必要ない——とロンボルグは喝破する。理の当然だろう。

薄いエネルギー

化石資源は、濃縮された化学エネルギーだから役に立つ。再エネの源泉（太陽光エネルギー）は密度がたいへん薄いため、使うには途方もない面積を要する。

たとえば、東京都が使う電力（一日に八八〇兆ジュール。表2・1）の全部を太陽光発電でまかなうとしよう。パネルの変換効率を現在の最高値二〇％とし、降り注ぐ太陽光エネルギーの一日平均値（一平方キロメートルあたり二・五兆ジュール）をもとにはじけば、パネルだけで、二三区の六割に近い三五〇平方キロメートルがいる。蓄電設備や作業スペースも合わせると、二三区の全部を発電施設にしなければいけない。どうみても現実的ではない。

二〇一七年九月三日のWUWTに、世界の総電力を風力だけでまかなう場合の試算が載った。通常サイズの風車五〇〇〇万基と、容量一〇〇キロワット時のリチウムイオン電池五兆個を、「米国＋カナダ」の全体に並べることになるという。

英国は「二〇四〇年までのガソリン車・ディーゼル車全廃」を宣言した。全部が電気自動車になったとして、その電気を風力だけでまかなう場合の試算が、やはりWUWTに載っている（二〇一七年一〇月三〇日）。一万六〇〇〇基の風車と付属の蓄電設備が必要になって、それを並べる面積の九万平方キロメートルは、スコットランド全体より広く、ポルトガルの全土に近い。

フラフラ電気

暮らしも産業も、安定な電気があればこそ成り立つ。太陽光発電は昼間だけだし、昼間でも雨や曇りなら出力がぐっと落ち、雪が積もればゼロになる。風力発電の風車も、無風や微風ならただのオブジェにすぎないし、暴風が吹けば破損を防ぐために止めてしまう。発電全体に占める太陽光と風力の比率が数十%にもなったら、しじゅう停電に見舞われる。

予告なく停電が起これば、ＡＴＭが止まるとか電子マネーが使えなくなるとかで、社会活動に支障をきたす。自家発電が頼りない中小の医療機関なら、たとえば人工呼吸器が止まって患者の命を奪う。いまの社会は、安定な電気にそれほど頼っている。

国の営みには一定量の電力がいるから、太陽光や風力を導入する際は、ぴったり同じ量の安定電源（火力など）でバックアップしなければいけない。再エネの出力が十分なときは火力を弱め、逆の場合は火力を強めるという出力調整も必要になる。そういう余計な手間もかかるからには、太陽光も風力も、経済活性化のほかに特別なプラス面がないかぎり、導入する意味はない。

だが私には特別なプラス面など思いつけない。「CO_2排出が少ない」は迷妄にすぎない（次項）。化石資源の消費を減らす効果もなくて、設備の製造に多くの化石資源を使うから発電単価が高くなる。その差額を「補助金」でまかなうという愚かな政策が生まれた（一四六ページ）。

太陽光だけは、時計や電卓などの小規模利用にふさわしい。一五年前に買ったソーラー電卓も、六年前の退職記念にもらったソーラー腕時計も、快調に働いてくれる。また、採算やエネルギー収支を度外視できるなら、電線を引きにくい離島や山小屋の電源にも適する。

巨大企業アップル社は二〇一八年四月一〇日、「四三か国の事業所で使う電力をすべて再エネに切り替えた」と胸を張った。だがフラフラ電気で円滑な企業活動ができるはずはなく、排出量取引(一七三ページ)と同様、巨費を使って再エネの全面的な利用を「装った」にすぎない(同日の『コンチネンタル・テレグラフ』ウェブ記事)。

幻の「CO_2排出削減」

火力発電と違って太陽光も風力も、発電中はCO_2を出さない。だが素子や設備の製造と保守にも、寿命を終えて処分するときも必ず化石資源のエネルギーを使うため、それに見合う量のCO_2が出る。どんなところからCO_2が出るのかを、以下で考察してみたい。

人為的CO_2が起こすという温暖化の話では、地球全体を包む大気のCO_2濃度(図1・1)が注目点になる。日本国内で出るCO_2だけ考えても意味はない。だから、再エネの推進とCO_2排出の関係を考えるときも、地球全体に目を配らなければいけない。

太陽光発電　いま太陽電池のほとんどはシリコン（ケイ素）Siでつくる。ケイ素は地殻《ちかく》（土や岩）の二八％も占める元素だが、手近な土や岩から純粋なケイ素を取り出すのはむずかしい。酸素原子Oと強く結びついているため、電気エネルギーを使って鉱石のSi―O結合を切る。電力料金の高い日本にはできない芸当だから、電力の安い北米やブラジル、ノルウェー、中国がつくった「金属シリコン」を輸入してパネルの素材づくりに使う。

そこまでを考えても、海外にある採鉱場の開発や整備、鉱石の採掘に使った重機とか、輸送に使った車両・船舶、Si―O結合切断用の電気をつくる発電所が、CO_2をずいぶん出している。

日本の港に着いたあとは、金属シリコンの輸送にも、シリコンの精製や半導体化、ウェハ＝薄板の製造・加工にも、燃料と電力を使ってCO_2を出す。パネルを置く架台（鉄やコンクリート）のことは次項に回すが、メガソーラーなら、設置場所の整地や発電装置の組み立てなどに重機を使うときも、資材をクルマで運ぶときも、やはりCO_2が出る。

年に一～二度のソーラーパネル清掃を頼めば三～五万円ほどかかるというが、清掃で使う道具類も化石資源を消費するし、依頼主へ出向くときに使うクルマもCO_2を出す。一〇～二〇年後に寿命がくるパネルの解体と廃棄にも必ずエネルギーを使うため、そこでもCO_2が出る。

たとえば一〇年間ずっと、ぴったり同じ電力を、火力発電と太陽光発電のどちらかで生むとする。そのときCO_2の排出量は、どちらの発電が多いのか？　あいにく、海外で出るCO_2も含めた収支計算の例は探しても見つからないし、私にもきちんと計算する能力はない。

ただし、補助金で支えなければ成り立たないほど太陽光の電気が高価だという事実が、決定的なヒントになるだろう。ものの値段は、都心の地面や古い名画など特殊なものを除き、素材の調達に始まる作業あれこれに使ったエネルギーの量（出したCO_2の量）をおおよそ反映する。それなら太陽光発電も、世界のCO_2排出を増やす営みだろう……と私は推測している。

太陽光発電を推進する人や組織は、「投入したエネルギーは二〜三年で回収できる」と主張する。けれど、ケイ素鉱石の採掘場整備（海外）から発電開始（国内）まであらゆる工程の「投入エネルギー」を考えた計算の例は見たことがない。そもそも投入エネルギーの全部を「二〜三年で回収できる」なら、発電単価は火力よりずっと安くなるはずだ。

二〇一八年四月一〇日に経産省は、「二〇五〇年のエネルギーを考える有識者会議」で、発電単価の具体的な値を明示した。一キロワット時あたり原発なら一〇円のところ、「パネル＋蓄電池」のセットで基盤電源化した太陽光は、九五円にもなるという（翌朝の各紙記事）。推進派が喧伝する「どんどん低下中の発電単価」は、肝心な蓄電設備を無視した値なのだろう。

風力発電　風力発電も事情は太陽光発電と変わりない。風車用の鉄をつくるには、まず海外の鉱山で、莫大なエネルギーを使いつつ鉱石が採掘される。鉱石を運ぶ船舶は重油を燃やす。港に着いた鉄鉱石を輸送したあと溶鉱炉で還元し、銑鉄《せんてつ》を精錬・加工して製品にする。そこまでに大量のCO_2が出た。風車に使うプラスチックも、CO_2を出しながら製造される。

風車の土台に欠かせない大量のコンクリートは、CO_2を出すセメント製造、砂利の採取、何段階もの輸送を経てでき上がる。計器類の製作にも、完成した風車の保守や修理にも、そうとうな化石資源と電力を使う。設備が寿命を迎えたら解体と廃棄にエネルギーを使ってCO_2を出す。

風力発電では、モーターなどにネオジムなどの希少金属をたくさん使う。希少金属資源の枯渇も心配だが、海外で進む金属の採掘や精錬・加工は必ずエネルギー消費（CO_2排出）を伴う。

勇み足　発電の前（素材の製造・加工・輸送）と後（解体・廃棄・輸送）で使うエネルギー（出すCO_2）が多いからこそ、太陽光も風力も、火力より発電単価が高いのだろう。化石資源がまだ十分に使える今後三〇～五〇年くらいかけ、素子の改良や蓄電装置の開発などに地道な技術開発をつづけた末に、火力や原子力より発電単価が低くなるメドがついたとき、初めて大規模利用を考えるべきだった。そのときはCO_2の発生量も、化石資源なみになっているかもしれない。

太陽光発電や風力発電などの再エネは、二〇世紀の末から各国が導入を進めてきた。しかし、さしあたり再エネの導入が世界のCO_2排出量を減らしていないことは、地上の騒ぎをよそにどんどん上がるCO_2の濃度（図1・1）がありありと語っていよう。

いま急速に進む情報通信技術（ICT）も、電力消費を通じてCO_2を出す。カナダの研究者の見積もりによると、世界のCO_2総排出量にICTが占める比率は、二〇一八年に一・五％だったものが、二〇四〇年には約一四％まで増えそうだという（二〇一八年三月二日のWUWT記事）。

環境破壊

再エネを推進する人たちは、立ち並ぶ風車やびっしり敷き詰められたソーラーパネルを美しいと思うのだろうか？　私の目には、いままで書いた（これからも書く）弊害を思うにつけても、たいへん醜いと映る。

似た感性の方々は海外にも日本にも多い。たとえば登山家の野口健氏が二〇一七年七月二七日の産経新聞「直球&曲球」欄にこう書いた。

最近、ものすごく気になることがある。例えば高校時代から通い続けている八ヶ岳。苔《こけ》の森から岩の稜線《りようせん》まで実にさまざまな表情をもっている。山麓の田園風景は雄大で美しい。しかし、最近、気がつくと至る所に敷き詰められているソーラーパネル。山頂から下り、いつも通っていた牧草地もソーラーパネルで埋まっていた。山小屋のご主人は「この辺りもメガソーラーが増えましたね。……牧草地だけではなく森まで切り開いてまで建設しようとしている場所もあるんですよ」とため息をついた。

以後も状況は悪化を続け、日本の各地でメガソーラー建設計画をめぐる住民の反対運動も起こるようになった。その例として、二〇一八年五月三〇日の毎日新聞・大阪版朝刊に高橋祐貴記者が書いた長い記事の一部を紹介しよう（英数字は和数字に変更）。

岡山県北東部にあり、緑豊かな山が広がる美作市《みまさかし》。東京のエネルギー会社が国内最大級の出力二五七メガワットのメガソーラーを建設するため山を切り開いている。……「古里の水が汚されて悲しい」。地元で農業を営む男性は憤る。男性らは昨年二月、工事を許可しないよう約一二五〇人分の署名を県に提出した。だが許可は出され、三か月後に工事が始まった。雨が降ると土砂が川に流れ込み、畑の貯水タンクは泥で詰まるようになった。野菜は生育不良になり損害は数百万円に上るという。……福岡県飯塚市では、山でのメガソーラー計画に住民が反対運動を展開。「九州北部豪雨と同程度の雨が降れば土砂崩れが起きる」……

「環境を守るため」といいながら環境を破壊する――その根元にあるのは、本章冒頭の引用文にいう「浅ましさ」だろう。お金のにおいに敏感な人たちが商売のチャンスとみて、うわべだけ「環境のため」といいながら突っ走るのだ。

小学生でもわかるとおり、パネルを敷き、風車を建て、送電線を引くときは、森林や草原を更地にしなければいけない。植生を減らせば地面の保水力が落ち、大雨のときに土砂崩れや洪水の被害が増える。近ごろそんな例にときどき出合う。二〇一五年九月に関東を襲った豪雨の際、鬼怒川《きぬがわ》があふれて茨城県常総市の浸水被害を大きくした要因の一つは、ソーラーパネルを設置するために土手を崩した場所からの越水だったといわれる。

風力発電だと、風車が住宅地に近ければ低周波ノイズが住民の安眠を妨げる。風車の羽にぶつかって死ぬ鳥やコウモリも多く、たとえば米国の野生生物協会が発表したデータによれば、二〇一二年の一年間に米国全土で風車が殺した総数は、コウモリが八八万八〇〇〇匹、鳥が五七万三〇〇〇羽（うち猛禽類が八万三〇〇〇羽）だという。ワイオミング州のある発電業者は二〇一四年、風車が三八羽のイヌワシを殺したかどで約三億円の罰金を科された。

そんな太陽光発電や風力発電が「環境にやさしい」はずはない。

愚かしい固定価格買取制度

再エネの固定価格買取制度は、二〇一二年の七月から時の民主党政権が始めた。一九九〇年ごろのドイツを皮切りに諸国が始めたやりかたをまね、温暖化対策とエネルギー資源の保全をねらった制度だという。内容のこまかいことは、経産省の資源エネルギー庁に招集された識者たち（一部は知人）が決めたのだろう。

同庁の「固定価格買取制度ガイドブック」二〇一七年版に、こんな宣伝文句が躍る。

再生可能エネルギーをつくること。それは、日本の未来をつくること。日本の豊かな自然を活かして、毎日の暮らしや経済を支える電気を生み出す「再生可能エネルギー」。その普及を目指して二〇一二年七月からスタートしたのが「再生可能エネルギーの固定価格買取制度」です。

「エネルギーをつくる」は非科学のタワゴトだし、再エネが「未来をつくる」はずはなく、豊かな自然を「活かす」というより「殺す」営みに見えるのだが、ともかく識者の集団は再エネを普及させたかったらしい。

たちまち破綻　電力一キロワット時あたりの買取価格は発電方式ごとにこまかく決められている。うち太陽光発電に注目しよう。家庭用の太陽光だと、税込み価格で当初（二〇一二年）の四二円から少しずつ下げられ、二〇一五年は三五円、一七年は三〇円、一八年は二八円となって、一九年に二六円まで下がる予定（ちなみに一八年の事業用発電価格は、一七年から三円だけ下げた一九円）。平均的な電力料金が一キロワット時あたり約二四円だから、数年前から参入事業者の「うま味」はなくなり、もはや制度としては破綻《はたん》している。

買取価格は、電力会社と契約したあと二〇年間は変わらない（「固定価格」の意味）。そのせいで、買取価格が高かった当初に権利を得て発電を始めない事例が多発したこともあり、発足後にたちままち見直し（買取価格の引き下げ）が始まって現在に至る。これほど迷走した政策も珍しい。

　太陽光のほか「バイオマス発電」についても、補助金をねらう人たちの建設計画が相次ぎ、全部を認めたら買取費用の年額が一・八兆円にもなりそうだとわかって、二〇一八年二月に国は制度の緊急見直しを迫られている（二月一一日産経新聞）。


怒りの報道　産経新聞が二〇一七年七月二日の記事（論説委員・井伊重之氏）と一一月一九日の特集で、再エネ発電賦課金の罪深さをていねいに解説している。七月の記事に使われたグラフの骨子を図5・3に描いた。

　月に三〇〇キロワット時の電力を使う平均的な家庭で賦課金の年額は、当初の約八〇〇円が二〇一七年には一万円近くにも増えた。二〇一八年四月の時点で一万円を超す知人も多い。年額の一万円は、電気代のほぼ一割にあたる。電力中央研究所の予測（図の右端）が正しければ、二〇三〇年に平均的な家庭の年間負担は一万六〇〇〇円にもなる。

　二〇一七年一一月の特集は、「再生可能エネルギーの拡大にはどんな課題があるのですか？」という問いに、わかりやすい図三点と、科学作家・竹内薫氏のコメントで答えるものだった。巨大な見出し「家計にのしかかる負担」が、実体を語り尽くす。回答文の冒頭「発電時に二酸化炭素を出さない再エネの拡大は、地球温暖化対策の上でも重要です」の後半は疑問だし、途中にある「再エネの比率は、導入前の約一〇％から一六年度には約一五％まで高まりました」は、一般水力を含め

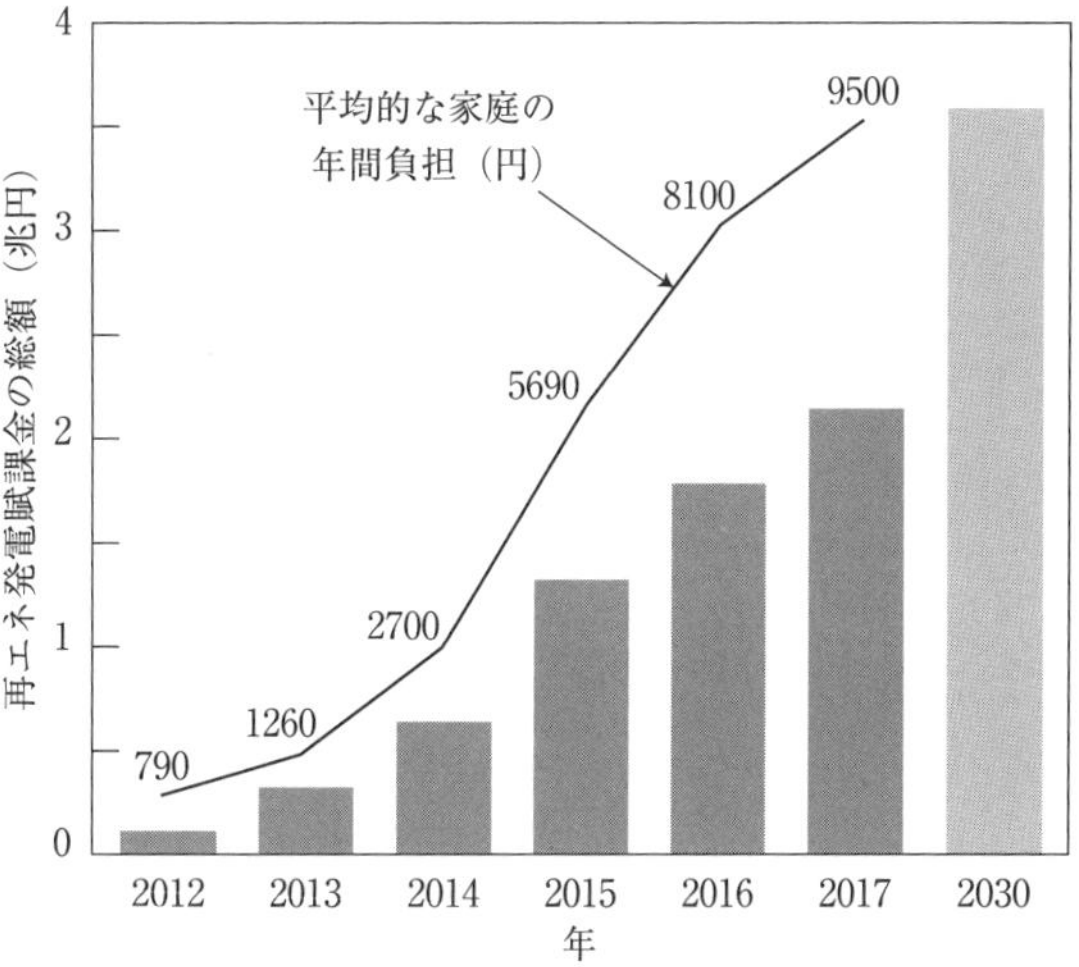

図 5.3　「再エネ発電賦課金」の推移：2012〜2017 年の実績と 2030 年の予測

［「産経新聞」2017 年 7 月 2 日の記事をもとに作図］

た値か、含めていないなら（現実の発電量ではなく）「発電設備容量」だろうが、その二つに目をつぶると、回答はぴたりと的を射ている。

たとえば、内実にそぐわない「環境先進国」の異名をもつドイツでは、買取制度を進めすぎ、平均的な家庭で二〇一七年の賦課金が三万一〇〇〇円にもなった。また、先ほども書いた「バックアップ電源」の問題も正しく指摘されている。竹内氏の発言中にある次のくだりが、再エネ導入の無謀さをよく語っていよう（一部のカタカナ語を漢語に変換）。

> 技術の進歩によって、極めて大量の電気を貯めておける電池が開発されれば、原子力を代替するこ

とも可能かもしれないが、それにはまだ百年単位の時間がかかる。

一〇〇年後も化石資源は十分あるし（一二一ページ）、科学技術は私たちの想像を超すペースで進むと期待してよいから、再エネの大規模導入は、蓄電法などの技術開発に「百年単位」の時間をかけたあとでも一向にかまわないはずだった。

朝日新聞も二〇一七年八月二四日の紙面で、「再生エネ 増える住民の苦情 景観・光害・騒音……顕在化」という見出しのもと、自治体へのアンケートから浮かび上がる太陽光発電と風力発電の実害を手際よくまとめている（二〇一八年三月二九日にも同様な記事あり）。

なお産経新聞も一枚岩ではないらしく、二〇一八年二月二六日の「生活」面では、「地球温暖化が起こす異常気象を減らすため、再エネへの傾斜を強めていくべき」という、先ほどの特集とは逆向きの「正調・温暖化節」を朗唱していた。また、一九九二年から毎年四月に授賞式をする「地球環境大賞」では、再エネがらみのあやしい「成果」を顕彰している。

社会格差を拡げる愚策　平均的な家庭でもない私の場合、二〇一八年二月分の電気代請求書は図5・4の姿だった（寒さ続きでエアコンを多用し、電気代が普段の二倍以上になった月）。

総額の一割に迫る七二八円は、屋根にソーラーパネルを設置できる裕福な個人とか、メガソーラー発電や風力発電で儲けたい事業者の懐に入る。つまり買取制度は、庶民のお金を富裕層に回して

30年 2月分	ご使用期間　1月23日～ 2月20日 検針月日　2月21日　（29日間）
ご使用量	276kWh
請求予定金額	7,920円
（うち消費税等相当額）	586円
上記料金内訳　基本料金	1,684円80銭
電力量料金	
・1段料金	2,342円40銭
・2段料金	4,056円00銭
・燃料費調整額	−836円28銭
再エネ発電賦課金	728円
口座振替割引	−54円00銭

図 5.4　東京電力の料金請求書（例）

社会格差を拡げるばかりか、高い発電単価（一四二ページ）が語るとおり、世界のCO_2排出をむしろ増やして化石資源の枯渇を早める愚策なのだ。日本政府は、他国の後追いなどすっぱりとやめ、できるだけ早く買取制度の廃止を決断すべきだろう。

ひとたび法律ができ、しかも利権がからむ話だと、行政も関係者も制度の死守に走る。だが国の将来を思うなら、ぜひ考え直してほしい。

再エネ発電賦課金も「温暖化対策費」の類になる。二〇一七年時点の二兆一四〇〇億円（図5・3）を従来の年額およそ三兆円（一〇九ページ）に足せば、五兆円にのぼる。二〇三〇年には、賦課金の予測値が三・六兆円だから（図5・3）、一年間の総額は六兆円を超す（四人家族のお宅なら、気づかないまま年に二〇万円以上も奪われる）。お金を使ってCO_2排出が減るはずはないため、もはや「おかしい」どころか、狂気の沙汰だといえよう。

英国の失敗

英国議会上院にあるシンクタンク「地球温暖化政策財団」の二〇一八年三月五日

付記事で前貿易産業相のピーター・リリー氏が、再エネ政策の失敗を批判している。「業界人・政治家・官僚・学者の既得権益集団」はいままで一五〇兆円に近い税金を浪費し、しかもその行いが電気やガスの料金を二〇％も上げたことになるという。

バイオ燃料という茶番

植物体は、昔ながらの燃料（薪）になるほか、化学技術を利用すればエタノールや油脂（燃料）の原料にもできる。それならばと数十年来、植物体から得た「バイオ燃料」をクルマや発電に使い、温暖化対策に役立てようという試みがあった。しかし当面、太陽光発電や風力発電と同様、その試みも化石資源の浪費に終わる。

カーボンニュートラルという冗談　植物は大気中のCO_2を吸って育つから、植物体を燃やしても大気のCO_2は増えない――という発想をカーボンニュートラルとよぶ（ニュートラル＝差し引きゼロ）。ネット情報によると、英国の『インディペンデント』紙が一九九二年の記事に初めて使った用語らしい。なんとなく口調のいいところを気に入った一部の研究者が環境分野に広めたのだが、これほど無意味な科学用語も珍しい。

薪を燃やすのが、カーボンニュートラルにいちばん近い。だが「ニュートラル」は、人間がいっさい手をかけなくても、木が目の前でみるみる薪に変身し、かまどや暖炉に入りこんで燃える……場合に限る。いまの世なら、森に入って木を集めるのに軽トラックなどを必ず使い、エンジン内で燃えるガソリンがCO_2に変わってしまう。要するに「カーボンニュートラル」は、小学生にも笑われそうな「おとぎ話」だ。

産出／投入比のまやかし

エネルギー価値一〇〇の化石資源を使い、エネルギー価値一〇〇以上の燃料を植物体からつくれる（「産出／投入比」が一を超す）——と主張する研究論文がいくつかあって、二〇〇七年に米国と南アフリカの研究者が、報告例を学術誌にまとめている。そのひとつが、甜菜《てんさい》（サトウダイコン）からエタノールをつくれば「産出／投入比＝二」になるという論文だった。だがそんなことはありえない。やや長くなるが、その理由を説明しよう。

太陽光発電や風力発電と同様、地球全体のエネルギー収支を考える。産出／投入比の分母には、甜菜の種まきから始まって栽培（施肥《せひ》・消毒・除草などの機械作業）、収穫（機械作業、運搬ほか）、加工（洗浄、発酵プロセス、エタノール抽出・精製ほか）に使う総エネルギーを使わなければ意味はない。動力用に燃やす化石資源と、工場で使う電気を生む化石資源も分母にくる。

耕作や輸送に使う機械類と、発酵・分離・精製工程に使う装置や建物のような耐久財は、寿命をたとえば二〇年とした減価償却《しょうきゃく》のセンスで、製造（機械、車両、発酵装置、分離・蒸留装置、監視用機器）、整地と建造（工場）に使った総エネルギーを二〇で割り、それを年ごとの「投入エネルギー」に加算しなければいけない。

さらには、肥料や農薬・除草剤の原料となる化石資源の採掘・精製とか、機械類の素材となる金属資源の採掘・精錬・加工に投入した化石資源も加算する。むろん、先ほどの太陽光や風力と同様に、バイオ燃料にからむエネルギー消費（CO_2排出）も、事業者や国内に閉じた話ではなく、地球全体を考えなければ、温暖化対策としての意味はない。

エネルギー（大半は化石資源）を一〇〇だけ使い、一年目に種まきから最終工程まで進めたとき、論文の主張どおり産出／投入比が二なら、一年目が終わるころ、エネルギー価値二〇〇のエタノールが手に入るだろう。

二年目は、手に入れたエタノールで、あらゆる投入エネルギーをまかなう。現実の装置があるかどうかはさておき、少なくとも動力はエタノールだけで生み出せる。電気も、その気になれば実行できる「エタノール火力発電」でつくる。

燃料の重さあたりで「エタノール火力」と「石炭火力」の出力が同程度だとすれば、一年目に得たエネルギー価値二〇〇のエタノールから、二年目の末にはエネルギー価値四〇〇のエタノールができる。いろいろなロスのため、四〇〇が三〇〇くらいまで落ちるとしてもよい。

同じことを（エタノールだけ投入して）翌年も行うと、ネズミ算式に「収穫エネルギー」が増えていく。それなら私たちは、無限に増殖するエネルギー源を手に入れたといえる。

必要な面積はあるのだろうか？　例として、日本より太陽光の強いベトナムを考えよう。栽培期間を通じた光合成の「太陽エネルギー変換効率」は、日本の緯度だとせいぜい一％だが、低緯度で温暖なベトナムなら二％程度と考えてよい。

ベトナム全土に降り注ぐ太陽光エネルギーの二％がバイオマスに変われば、その化学エネルギーは「百万兆ジュール」という単位で三六になる。かたやベトナムの総エネルギー消費は、二〇一四年に同じ単位で二・九だった。二・九は三六の約八％だから、国土の八％をバイオ燃料用に確保するだけで、ベトナムは化石資源にも原発にも頼ることなくやっていける。

バイオ燃料の産出／投入比がほんとうに一を超すなら、ベトナムに限らずほかの諸国も、せめて真剣な検討くらいは始めていよう。バイオ燃料の話が始まって四〇年以上も経つ現在、そんな気配が何一つ見えないからには、「バイオエタノールの産出／投入比が一を超す」はまやかしだとわかる。「産出／投入比＝二」は、投入エネルギーの一部しか考えない机上の計算結果だろう。

藻類からジェット燃料？　ある企業が二〇一五年一二月、藻類（光合成生物）から抽出したバイオ燃料で、東京五輪の二〇二〇年にジェット機を飛ばすと発表。航空会社の幹部や、工場を置く横浜市の首長ほかも同席した記者発表を、多くの新聞が写真入りで報じた。同社のサイトによると、発案の趣旨はほぼ次のようなものだという（意味は変えずに表現の一部を改変）。

燃料を燃やして出るCO_2は温暖化の要因となる。藻類（植物）はCO_2を使って光合成するため、藻類からつくった燃料をジェットエンジンで燃やしても、大気中のCO_2は増えない（カーボンニュートラル）。

だがカーボンニュートラルはありえない。薪の場合（一五三ページ）と同様、天然の水に棲む藻類が、人の手を借りることなく培養タンクに飛び込んでひとりでに成長・増殖し、油に変身したあとジェットエンジンにもぐり込んで燃える……という手品の世界が「ニュートラル」になる。タンクに入れたり餌をやったり照明を当てたりと、人の手をほんの少しでも加えたらニュートラルではなく、化石資源を消費する営みになってしまう。

結局のところ、いまの技術でつくるバイオ燃料は、どんな生物を利用しようとも、化石資源の枯渇を早めるものでしかない。

利権の死守　米国では、ジョージ・ブッシュ（息子）政権の末期にあたる二〇〇七年、環境保護庁（EPA）がつくった法規に従って「環境保護」のため、ガソリンに一〇%ほど混ぜるバイオディーゼル油の生産が始まった。原料のダイズやナタネ、トウモロコシを栽培する農家は補助金をもらえる。補助金を死守したい農家と、票のほしい連邦議会議員の連帯が生まれ、だいぶ前から「環境」などそっちのけでロビー活動が盛んだという。

バイオ燃料は、化石資源と違って硫黄分を含まないから、ガソリンに混ぜた量だけ大気汚染を減らせる。ブラジルはサトウキビの搾《しぼ》りかすからつくったエタノールをガソリンに混ぜ、大気の浄化に役立てた（バイオ燃料がもつほぼ唯一の意義は大気汚染対策）。だが米国では、補助金につられた農家がバイオディーゼル用のダイズやトウモロコシの生産を進めた結果、食用や飼料に回る分が減って食品と飼料の価格が上がり、消費者や畜産農家を苦しめている。

トランプ政権になったあと、ＥＰＡの長官も交替して見直しの機運はあるものの、根づいた利権のからみ合いを断ち切るのはむずかしい（二〇一七年一〇月二二日のＷＵＷＴ記事）。

環境破壊　バイオ燃料を発電に使おうという発想もある。その一つ、パーム油の問題点を二〇一七年一二月の朝日新聞が取り上げ、冷静沈着なトーンでかなり大きな記事にした。記事のリードを転載しよう。

> アブラヤシの実からとれる「パーム油」を燃料に使うバイオマス発電の計画申請が国内で急増している。地球温暖化対策になる再生可能エネルギーのひとつだが、申請全体で必要な量が世界の燃料用パーム油生産量の半分にも匹敵する。過剰な計画は原産国の環境破壊につながりかねず、持続可能性にむしろ疑問符がつく。

「地球温暖化対策になる再生可能エネルギー」というくだりに巨大な「疑問符がつく」けれど、

ほかはすんなり納得できる。アブラヤシはインドネシアやマレーシアで栽培され、農園の開発は、オランウータンなど希少生物の棲む森や湿地を壊しかねない。土壌も浸食を受けやすくなる。前項のWUWT記事もパーム油生産を取り上げ、農場主や投資家が儲かる一方、底辺作業者の搾取《さくしゅ》が社会不安を生むマイナス面も指摘している。

政府の姿勢──二〇一七・一八年

二〇一七年八月、中川雅治環境相は産経新聞の取材に応じ、「再生可能エネルギーの導入が経済成長にもつながっていく、そういう方向を目指して努力したい。……持続可能な社会をつくり、将来世代に負担を先送りすることを極力避けたい」と述べている。経済成長のプラス面に異論はないが、このまま再エネを進めたら「将来世代に負担を先送りする」ことになるだろう。

河野太郎外相は二〇一八年一月一四日、アラブ首長国連邦で開かれた「国際再生可能エネルギー機関」の総会に出席し、日本の技術力で再エネ推進や開発途上国支援に取り組む考えを強調した（一五日の産経新聞）。国のエネルギー基本計画が決めている二〇三〇年の原発比率（二〇～二二%）を減らし、再エネ比率（二二～二四%）を増やしたいのだという。一月九日に外務省が発足させた「気候変動に関する有識者会合」の委員名簿を見るにつけても、科学に目をつぶった政治の暴走にならないよう祈る（同「会合」は二月一九日に提言を公表）。

なお石炭火力については、社会活動に必須の安定電源を重くみる経産省と、実効などありえない「温暖化対策」にとらわれた環境省の意向が対立し（朝日新聞は後者を支持。一二七ページ）、国としての足並みはそろっていない（二〇一八年三月二七日産経新聞）。

本章の内容をまとめよう。太陽光・風力・バイオ燃料などの再エネ技術は、まだ完成から遠い。エネルギー価値が同量以上の化石資源を投入してようやく成り立つため、発電の場合は単価が上がり、普及が進むほどに化石資源の枯渇が早まるばかりか、補助金で社会格差を拡げたりもする。何度か書いたとおり、三〇～五〇年後や一〇〇年後の「自立」を期待しつつ、効率の向上とコスト低下に向けた研究開発をじっくり進めるのが筋だった。

地球温暖化は、どうみても緊急の問題ではない。そういう話に莫大な資源（お金・時間・労力）をつぎ込もうという発想は、いつごろ芽生え、どんな人たちが前に進めてきたのか？　温暖化にからむ最後の章となる次章で、旗振り集団の行動原理を考察しよう。

6章　学界と役所とメディア——自縄自縛

本当はまちがっていると気づいているのにそれを認めたくなくて、やりつづけることで正当化できると思いこみ、破滅したやつを俺は何人も見てきた。

大沢在昌『ライアー』

新しい材料や医薬をつくったとか、新しい測定法を見つけた科学研究なら、事実を淡々と述べればすむ。初めのころ解釈がいくつかあったとしても、別の研究者が検証するにつれ、一つに収束していくだろう。ある要因が効くかどうかは、その要因だけを除いて行う対照（コントロール）実験でわかる。外野から雑音を受ける余地もない。

赤信号と青信号

けれど地球温暖化の話は、一見したところ科学の発想に染まりながらも、事実を淡々と述べればすむ段階には至っていない。肝心な気温データさえあやしいし、数十年くらいの観測や測定からCO_2と気温の関係をくっきりつかむのはむずかしい（1章・2章）。「人間活動がない地球」を使う対照実験もありえない。そのため、適当なデータを組み合わせて解釈すると、恐ろしげな「赤信号」話がたちまちできる（3章）。むろん、別種のデータを組み合わせた「青信号」話をつむぐのもむずかしくない。

心配する必要なし——という「青信号」話は放っておけばいいし、国もメディアもまず関心をもたないだろう。かたや「赤信号」なら、ことに温暖化の話では、おびただしい人たちが膨大な時間を使い、巨費も飛び交う営みになるため、いったん始まれば「どうにも止まれない」自縄自縛状況が生まれる。事実そうなってしまった。

混迷の根元　温暖化の話は、もう芽生え期から国際政治と密着してきたせいで、現象の解釈にも政治や経済の力学が濃い影を落とす。とりわけＩＰＣＣ（気候変動に関する政府間パネル）の威光が強い。なにしろ国連の下部組織だから、五～六年ごとに出す報告書と、報告書が「目玉商品」にする世界平均気温のグラフ（図2・1）が、各国の政府やメディアや一部研究者の発想と行動を操ってきた。

本章では、ＩＰＣＣ誕生のいきさつも振り返りながら、「純粋とはいえない温暖化科学」の素顔を考察してみたい。

IPCCという組織

設立の前夜　一九六〇年代になってから、一九四〇年ごろに始まった気温低下（図2・1、図2・13）が世の関心を引いた。たとえば一九六一年一月二五日の『ニューヨーク・タイムズ』紙が、米国気象庁発表の気温グラフを添えた記事で「寒冷化の恐怖」をあおっている。

一九七〇年代には気温低下を疑う余地がないように見え、地球寒冷化を警告する新聞・雑誌記事が次々に出た。二〇一三年三月一日のWUWT記事がまとめた六八件のうち、一部の見出しだけ紹介しよう（なお一九七〇年代は、世界のCO_2排出量が激増中の時期。図1・5）。

・人間活動が招く次の氷河期？（一九七〇年一月一五日『ロサンゼルス・タイムズ』紙）
・氷河期の接近を科学者が警告（一九七一年七月九日『ワシントン・ポスト』紙）
・まもなく次の氷河期が来る？（一九七四年六月二四日『タイム』誌）
・冷えていく地球（一九七五年四月二八日『ニューズウィーク』誌）
・寒冷化に備えよう（一九七九年一〇月一二日『スポーカン・デイリー・クロニクル』紙）

右の『ニューズウィーク』誌には、「ほとんどの科学者が地球寒冷化を確信している。寒冷化の

表6.1　気候変動をめぐる動きの略年表

年	事　項
1972年	米国ブラウン大学で「間氷期の行方」研究会
	地質学者2名が書簡でニクソン大統領に「寒冷化の危機」を警告
1974年	NOAA（海洋大気庁）「現代の間氷期」パネル報告書
1978年	米国「気候法」成立（食糧・エネルギー確保用の寒冷化対策）
1979年	米国内に省庁間「気候政策委員会」が発足
このころから論点が「寒冷化」→「温暖化」と変化	
1979年	WMO（世界気象機関）が第1回気候変動（温暖化）会議を開催
1983年	UNEP（国連環境計画）が国際温暖化検討会を組織
1985年	UNEPがオーストリア・フィラハで「CO_2温暖化会議」を開催
1986年	UNEP代表が米国シュルツ国務長官へ書簡（温暖化対応を要請）
1987年	WMOが第10回気候変動会議で国際組織の設立を決議
1988年	NASAのハンセンが米国連邦議会で人為的CO_2温暖化を警告
	UNEPとWMOがIPCC（気候変動に関する政府間パネル）を設立
1989年	冷戦時代が終結（東西対立軸の消失）
1992年	リオ・サミット開催，気候変動枠組条約採択（1994年発効）
1995年	ベルリンでCOP 1（気候変動枠組条約第1回締約国会議）開催
1997年	京都でCOP 3開催（京都議定書採択）
2005年	京都議定書が発効
2015年	COP 21でパリ協定採択
2016年	パリ協定が発効

せいで異常気象も増加中」というくだりがある。

一九七二年に米国プロビデンス市のブラウン大学で寒冷化をめぐる研究会が開かれ、一二月三日には同大学の地質学者ジョージ・キユクラとロバート・マシューズが、連名でリチャード・ニクソン大統領に次のような書簡を送っている（表6・1）。

大統領閣下　本学で開催した科学会議の結論につき、世界の行く末を深くご懸念の閣下にお知らせすべきと確信いたし、ペンをとらせていただきます。……いま地球はかつてない勢いで寒冷化を続け、その悪影響がほどなく全人類を見舞うに違いありません。……

米国政府は、寒冷化に備えて食糧とエネルギーの確保を目指す「気候法」を一九七八年に制定し、翌七九年には同じ趣旨の「気候政策委員会」を立ち上げた。ちなみに一九六〇年代から八〇年代までに、三〇〇篇ほどの「地球寒冷化」学術論文が出ている。

ギアの逆転　一九七〇年代も末になると寒冷化は底を打ち、気温が上昇に転じたように見える。そのころはもう、研究者が警告する「気候変動」に、米国政府のほか世界気象機関と国連環境計画も強い関心を寄せ、大きな動きや流れができていた。そして八〇年代に入るや「寒冷化」は忘れ去られ、人為的CO_2温暖化が世界レベルの話題になる。

一九八〇年代の末、ソ連邦の解体やヨーロッパの東西融合などで冷戦時代の終わりが見えた。世界の調整役として国連は、「次の仕事」を探したのではないか？　国連は「世界の平等化」という任務をもつ。当時はCO_2の大部分を先進国が出していた。先進国に「CO_2のペナルティ」を課し、その富を途上国へ回せば平等化に役立つぞ……

そんな流れのなかで一九八八年一一月、世界気象機関と国連環境計画がＩＰＣＣを設立し、「地球温暖化」を国際政治の道具にした――と推測できる。その推測を裏づけるものとして、だいぶあとの二〇一〇年一〇月、IPCC第四次報告書・第三巻「対策」の代表執筆者だったオトマー・イーデンホーファー氏がこんな発言を残している。「国連の気候政策は、気候変動そのものはどうでもよくて、世界の富を再分配するためのものなんですよ」（一一月一八日『ニュースバスターズ』記事）

なお、IPCC設立の少し前、一九八八年六月二三日にNASAのジェームズ・ハンセンが連邦議会の上院で人為的CO_2温暖化の危機を訴え、何も対策をしなければ三〇年後（つまり二〇一八年）に地球の気温は約一℃ほど上がる……と予言した。現実の気温上昇は、データの意図的な「加工」と都市化効果を含めた地上気温でもせいぜい〇・三℃だから（図2・1）、そもそもの初めからCO_2温暖化論は破綻していたといえよう。IPCCの設立には、ハンセンの議会証言が「最後の引き金」になったとおぼしい。

設立の趣旨

IPCCの設立趣旨を述べた文書には、その使命がこう書いてある。

人間活動が引き起こす気候変動のリスク（危険性）と影響をつかみ、適応策や軽減策を考えるのに役立つ科学技術情報と社会経済情報を、包括的・客観的に、また公開性・透明性に心がけつつ評価する。IPCC報告書で特定の政策を勧告することはないものの、政策の実行に役立つよう、科学・技術・社会経済的な要素を客観的にまとめた報告書としなければいけない。

つまりＩＰＣＣは、人為的な気候変動（CO_2温暖化）を「リスク」と決めつけ、どんな影響がありそうか、どんな対策をすべきかを考えるのだという。温暖化が「事実かどうか」を問う姿勢はなく、CO_2の増加や温暖化のプラス面に目を向ける姿勢もなくて、ひたすら「人為的CO_2＝悪」とみる組織だということになる。

すると、人為的CO_2温暖化が大問題ではないとわかった瞬間にＩＰＣＣは存在意義を失う。だから組織の存続には、「温暖化はあぶない」と叫びつづけなければいけない。たとえば、ＩＰＣＣ第三次報告書（二〇〇一年）の第二巻「影響」で統括執筆責任者を務めた米国スタンフォード大学の名高い気候学者スティーブン・シュナイダー教授がＩＰＣＣ設立の翌年、『ディスカバー』誌一九八九年一〇月号の取材に応えてこう発言している。

> 大衆の心をつかむには、怖そうなシナリオを突きつけ、単純明快で強いメッセージを出すのが絶対なんです。あやふやな部分はできるだけ伏せてね。発言の効果を上げるため、ときには正直さを犠牲にするんですよ。

なおシュナイダーは「寒冷化時代」の一九七一年、時流に合う「CO_2寒冷化」論文を発表していた。

IPCC報告書　IPCCの第五次報告書（二〇一三・一四年）で、執筆者の数は第一巻「自然科学的根拠」が約二六〇名、第二巻「影響」が約三一〇名、第三巻「対策」が約二四〇名にのぼり、原稿を読んで意見を寄せた人は五〇〇〇名を超す（意見の数は一〇万以上）。計八二〇名ほどの執筆者は、各国政府が推薦した約三〇〇〇名から選ばれている。なお執筆陣のうちに日本の研究者が三〇名を占めた。

日本では、珍しく一〇年近い間を空けて二〇二二～二三年に出る予定だという第六次報告書に向け、外務省の気候変動課が、文科省と気象庁（第一巻）、環境省（第二巻）、経産省（第三巻）に執筆者候補の推薦を依頼した（推薦は二〇一七年一〇月に締め切られ、一八年二月に選考が終了）。要するに執筆者は（専門の学会ではなく）役所が選ぶ。

そんな性格のIPCC報告書が、気候変動枠組条約（採択一九九二年、発効九四年。表6・1）のもと、一九九五年から毎年暮れ近くにリゾート地で開かれる締約国会議（COP）で国際交渉に使われる。つまりIPCC報告書は国際政治用の文書だといえよう。

第五次報告書の場合、本体は第一・二・三巻と統合報告書が順に一五三五ページ、一八二〇ページ、一四三五ページ、一五一ページで、イントロ部にそれぞれ三〇ページほどの「政策決定者向けの要約（SPM）」がある。分厚い本体を通読する人は少なく（ほぼゼロ？）、ふつう政府関係者は薄いSPMだけを読む。しかし通常、本体とSPMはトーンがずいぶんちがう。本体に研究者の慎重な意見が書いてあっても、SPMは「温暖化の恐ろしさ」をひたすら強調する。そんな「落差」を以前から多くの人が批判してきたけれど、いっこうに改まる気配がない。

二〇一三年の第五次報告書で代表執筆者を務めたハーバード大学のロバート・スティビンズ教授によると、自身が担当した箇所のSPMをつくる会議は五〇名ほどの各国官僚が仕切り、同席した研究者は自身を含めて二名だったという。

SPMをもとにして出るCOPの結論が、温暖化対策と称する資源（お金・時間・労力）の浪費を促す（4章、5章）。とりわけ重い二つが、予想どおり成果ゼロに終わる京都議定書（次項）と、やはり成果など期待できないパリ協定（一一三ページ）だった。

自画自賛　IPCCは設立趣旨で、科学情報を「客観的に」評価するのだと胸を張った。どんな分野でも現状の評価・分析は大事だが、評価を担当する人は、ほかの研究者の成果も公平に扱うのがまっとうな姿勢だといえる。IPCC報告書ではどうなのか？

ハンガリー・ショプロン大学経済学部のフェレンツ・ヤンコー博士らが、第四次と第五次の報告書につき、報告書の執筆者名と、報告書に引用された学術誌論文（それぞれ四七四二篇、八一二八篇）の著者名を突き合せ、結果を二〇一七年六月に発表している。

いちばん新しい第五次報告書の場合、引用回数で上位二〇名に入る著者のうち、じつに一九名までが報告書そのものの執筆者だった（残る一名は第三次報告書の執筆を担当したＮＡＳＡのハンセン）。また第四次報告書だと、引用回数で上位一六名に入る著者のうち、一四名までが報告書の執筆者だった（残る二名もやはり第三次報告書を執筆）。

自分の成果を売り込みたい「超一流の研究者」が報告書の執筆陣に多かったのだろうけれど、どうみても尋常な数字ではない。第五次の「二〇名」も第四次の「一六名」も気候モデル（シミュレーション）の研究者が過半数を占めるため、世界気温の将来予想（図２・14）がＩＰＣＣ報告書の中で幅を利かせ、メディア経由で世に広まるのだ。

なお、報告書の執筆を担当した日本の研究者には謙虚な人が多かったのか、第五次の「一九名」にも第四次の「一四名」にも日本人の名前はない。

研究者の世界を眺める前に、先ほども書いた京都議定書の「失敗」を振り返っておこう。

京都議定書の顚末

英独の策略　一九九七年一二月採択、二〇〇五年二月発効の京都議定書は、「二〇〇八〜一二年の五年間（第一約束期間）に先進国が、CO_2排出量を基準年（一九九〇年）比でそれぞれ決まった率だけ減らす」と定め、削減率はＥＵが八％、米国が七％、日本とカナダが六％だった。

採択年を考えれば、基準年は翌九八年とか、キリのいい二〇〇〇年にするのが筋だったろう。だがEU（とくに、排出量でEU全体の四〇％近くを占めていた英国とドイツ）が一九九〇年を強く主張した（京都会議に出たドイツの環境相は現首相のアンゲラ・メルケル）。なぜか？

ヨーロッパでは一九九〇年から東西融合が進んだ。旧東独と合体したドイツは東独の古い工場や発電所を更新してCO_2排出を大きく減らし、一九九七年時点の排出量は九〇年比で一四％も少なかった。かたや英国は同時期に燃料の切り替え（石炭 → 天然ガス）を進め、CO_2排出を一〇％ほど減らしていた。だから基準年を一九九〇年にすれば、両国つまりEUは、CO_2排出を「増やしてかまわない」ことになる。

当時の日本や米国にとって、CO_2排出量を六％や七％も減らすのは不可能に近いのだが、日本政府は「六％」を呑んでしまう。なお、日本は当初「二・五％」を考えていたところ、議場に乗り込んだ米国の副大統領アル・ゴアの剣幕に押されて「増量」したと聞く。

途上国？　私には理解できない国際政治の力学により、京都議定書の時代から二〇一六年発効のパリ協定に至るまで、「CO_2排出を減らすべき先進国」は、EU諸国の一部と米国、日本、カナダ、オーストラリア、ノルウェー、スイスに限られる。つまり「温暖化対策」の話になると、中国やロシア、インド、ブラジル、韓国、シンガポール（一人あたりGDPは日本の約一・四倍）、中東諸国やアフリカ諸国はみな「途上国」の扱いになり、排出削減を強制されない。中国が世界最大の排出国になったいま（図4・2）、理不尽きわまりない状況だといえよう。

そんな状況を嫌った米国は京都議定書を批准《ひじゅん》せず、早々と二〇〇一年三月末にブッシュ（息子）政権が議定書から離脱した。カナダは二〇〇七年四月に「六%削減の断念」を発表し、一一年一二月に正式離脱を表明している。つまり京都議定書はスタート時からボロボロだった。

日本の「対応」　日本では京都議定書の採択も発効もメディアと一部識者がこぞって称え、小中高校の教科書にも「画期的な出来事」だと紹介された。担当官庁になった環境省では、議定書の発効から第一約束期間終了（二〇一二年）まで歴代の環境大臣（小池百合子氏〜石原伸晃氏の一〇名）が温暖化対策を率いている。

とりわけ熱心な小池大臣（二〇〇三年九月〜〇六年九月）の任期には、クールビズやウォームビズ、エコアクション、エコカー、エコバッグ、エコポイント、エコプロダクツなどなど、あやしいカタカナ語が続々と生まれて世に出回り、関連の業界を活性化させて、おそらくは国のCO_2排出量を増やした。

二〇兆円のドブ捨て　日本が約束した「一九九〇〜二〇一二年に六%削減」の空しさを、具体的な数字で眺めよう。まず、議定書の発効（二〇〇五年）から第一約束期間終了（二〇一二年）まで八年間の温暖化対策費は、国と地方自治体、企業が使った年間総額およそ三兆円（一〇九ページ）の八倍だから、二〇兆円をかるく超す。

実質的な「六％削減」ができたとしたら、地球はどれほど冷えたのか？　いちばん信頼性が高い衛星観測データ（図2・9）を見ると、一九九〇～二〇一二年の気温上昇はせいぜい〇・二℃で、その半分がCO_2増加のせいだとすれば、人為的温暖化分は〇・一℃にすぎない。一九九〇～二〇一二年の期間、日本のCO_2排出量は世界の五％程度だった。その六％を減らしたとき、地球は「〇・一℃×〇・〇五×〇・〇六」＝〇・〇〇〇三℃だけ冷える。まるで意味のない数字だといえよう。そんな営みに二〇兆円以上もつぎ込んだのが、二〇一二年までの温暖化対策だった。

ごまかしの「成果」　環境省が最終的に公表し、国連が二〇一六年の三月末に承認した数字は、「八・七％減」だった。それでも右記の〇・〇〇〇三℃が〇・〇〇〇四℃になるだけだから無意味なことに変わりはないが、実のところ「八・七％減」はごまかしにすぎない。

二〇一二年の実質的なCO_2排出量は、一九九〇年と比べて減少どころか「一・四％増」だった。けれど、世界のCO_2排出を減らすはずのない「排出量取引」（ウクライナやチェコへの総額一六〇〇億円贈呈）分を「六・二％減」、非科学的な「森林の吸収分」を「三・九％減」とみて、合計の「一〇・一％減」から「一・四％増」を引いた値が「八・七％減」にほかならない。

いわばペナルティとして行う国家間の排出量取引では、お金をA地点からB地点に移す。そのお金がB地点で経済活動に使われ、エネルギー消費（CO_2排出）を促すので、世界のCO_2排出量は減りようがない。小学生でも見抜きそうなごまかしだろう（なおパリ協定には、さしあたりペナルティを課す発想がない)。
環境省の担当者も、「国際的な約束」だからと面倒なCO_2排出量の集計を進めながら、空しさを感じていたのではないか? CO_2排出量グラフ(図4・1)には、減った期間のせめて一か所でも「温暖化対策の成果」と付記したかったのだろうけれど、やはり事実に合わないことは書けなかった。お役人には心から同情したい。

ささやかな体験 一〇年と少し前、つまり京都議定書の第一約束期間が始まったころ、ある民放で討論番組二本の収録を受けたことがある。私と中部大学の武田邦彦氏を「こちら側」、環境省の関係者二名を「あちら側」として、「リサイクル」と「温暖化対策」を論じ合う番組だった。後日、リサイクルのほうは放映されたものの、温暖化対策のほうは放映しない……とディレクター氏から連絡が来た。環境省から「待った」がかかったのだという。腹が立って二本分の出演料を辞退したが、時期が時期ゆえ、環境省の担当部署も神経をピリピリさせていたのだと思う。

科学者の九七%が温暖化説を支持?

環境省やメディア、識者が京都議定書の話題を盛り上げていた二〇〇九年、「人為的CO_2温暖化説は科学者の九七%が支持している」という趣旨の論文が、米国地球物理学連合の機関誌に載った。その「九七％」がメディア経由で世界に広まり、「もはや温暖化を疑う余地はない」という雰囲気が生まれたけれど、じつはそう単純な話でもない。

数字の魔術　論文の著者、イリノイ大学のピーター・ドラン准教授と元大学院生が地球物理学連合の会員一万二五七名にメールを送り、以下の二項目について意見を訊いた。

①　いま世界の平均気温は、一八〇〇年以前より高い（A）、低い（B）、ほぼ同じ（C）のどれだと思いますか？

②　平均気温の変化には、人間活動がかなり効いていると思いますか？

会員の三一四六名だけが返信し（七〇％に近い七一一一名は無回答）、問い①にはほぼ全員がAと答えている。問い②のほうは、副詞「かなり」の意味がわかりにくいし、気温の「変化」が「上昇・下降」のどちらなのか（または両方か）もあいまいなせいか、「イエス」と答えた人は全体の八二％しかいなかった。

そこで質問者は、近ごろ査読つき学術誌に論文を出している気候科学者七七名だけについて問い②への回答を調べたところ、七五名が「イエス」だったため、七五を七七で割った答えの「約九七％」を強調して発表。ずいぶんお粗末な調査だけれど、わかりやすい「九七％」が独り歩きしたわけだ。コケおどしの数字だという点では、二〇一七年に豊洲市場の地下水分析で判明し、メディアが大きく報じた「ベンゼン一〇〇倍」と似ていよう（終章）。

懐疑こそ命　科学は多数決ではないから、「九七％」にも意味はほとんどない。科学を前に進めてきたのは、通説を疑い、ついにはひっくり返した人たちだ。古くは一六三三年に異端審問のあと「それでも地球は回っている」とつぶやいたガリレオが名高い。

やや新しいところでは、一九一五年にドイツのヴェーゲナーが提唱し、いまのプレートテクトニクス理論につながる大陸移動説も、彼の存命中は異端として無視され、死後にようやく認められた（死後に認められた点はメンデルの遺伝法則も同様）。

胃潰瘍《かいよう》の病因（ピロリ菌）特定で二〇〇五年のノーベル医学生理学賞を得たオーストラリアの研究者バリー・マーシャルも、発見年の一九八二年から一〇年以上、「そんなことはありえない」と医学界から無視されつづけている。レベルはぐっと落ちるが私にも、通説に反する小さな発見をしたあと一五年ほど国内の同業研究者に無視されつづけた経験がある。

温暖化論や温暖化対策の話は、何度もいうように当初から国際政治の道具となり、巨費が飛び交いつづけるせいで、「まっとうな科学」とはいえなくなってしまった。

クライメートゲート事件

ほぼ同じころ、想定外の出来事が気候科学者たちの軽率なふるまいを明るみに出す。英国イーストアングリア大学に気象庁が設け、世界気温データの発信源となる気候研究ユニット（ＣＲＵ。三〇ページ）のコンピュータから誰かが二〇〇九年の一一月一七日、一〇七三通のメールを含む文書ファイルを米国の複数ブログサイトに載せた。ＷＵＷＴに載ったファイルが、ネット経由で一九日から全世界に流れ始める（ファイル流出の実行者はいまなお不明）。

盗聴侵入事件を皮切りに内部告発で捜査が進展し、リチャード・ニクソン大統領を前代未聞の在職中辞任（一九七四年八月）に追い込んだウォーターゲート事件をもじって、その情報流出をクライメートゲート事件と呼びならわす（クライメート＝気候）。

関係者たち

メールのおもな交信者は、ＣＲＵの六名を含む二七名にのぼる。うち一九名までがＩＰＣＣ報告書・第一巻「自然科学的根拠」の執筆や編集を担当し、とりわけ第6章「古気候学」の関係者が多い。メールの日付は一九九六年三月〜二〇〇九年一一月の一三年間に及び、ＩＰＣＣの第三次（二〇〇一年）・第四次（二〇〇七年）報告書の作成にからむ交信が主体だった。

以下、旧著『地球温暖化スキャンダル』『「地球温暖化」神話』と重複するが、一件のごく一部だ

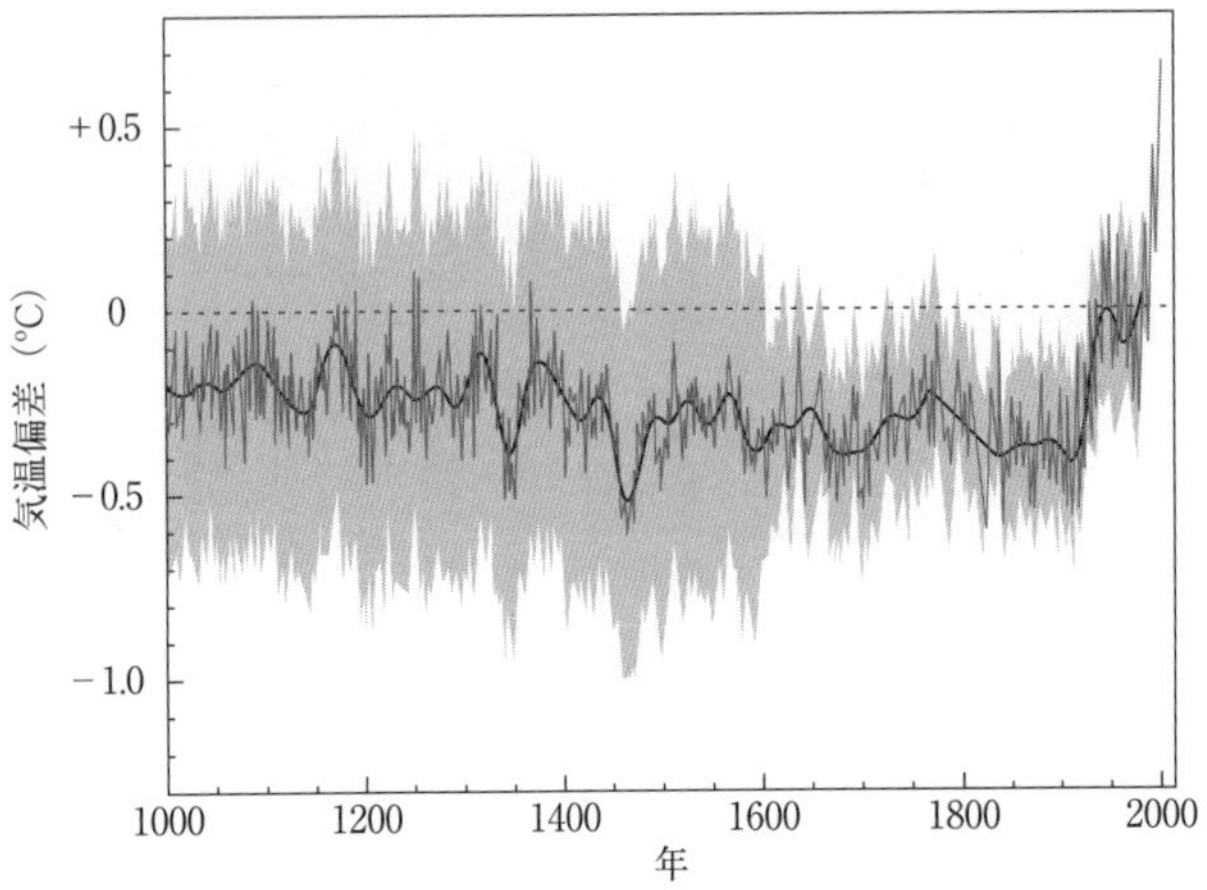

図 6.1　短命に終わった「ホッケースティック」グラフ
［M. E. Mann *et al.*, *Geophys. Res. Lett.*, **26**, 759（1999）］

け紹介し、気候科学のドロドロ部分を覗いてみたい。

古気温の細工　IPCC第三次報告書の目玉商品は、マサチューセッツ州立大学の古気候学者マイケル・マンらが一九九八・九九年に報告したグラフ（代表例　図6・1）だった。競技用の棒に似た姿から「ホッケースティック」のあだ名をもつ。

一〇〇〇～一九五〇年の値は、米国に生えていたマツ数本の年輪などから推定し、一八六〇～一九五〇年の期間は推定値と実測気温を重ねている。一〇〇〇年前後の中世温暖期や一四～一九世紀の小氷期（五一ページ）の気配は消えて、「二〇世紀後半の人間活動が地球温暖化を進めた」ことをまざまざと語りそうだったため、第三次報告書の中には同じグラフが何回も載っている。

だがカナダの統計学者スティーブン・マッキンタイアが調べたところ、「年輪→気温」の換算にマンが使った計算式は、どんなデータを入れても「スティック」を生むと判明。マッキンタイアらがその結果を二〇〇三〜〇五年の論文にして、ホッケースティックの命運も尽きる。

ただしホッケースティックをめぐる数年間の論争は、人為的CO_2温暖化説への懐疑派を増やし、議論の健全化（本章末尾）へ向かう流れを生んだ点で意義が大きい。

一九九九年一一月一六日、CRUのフィリップ・ジョーンズ所長はマンほかにこう書き送った。

> マンが『ネイチャー』論文でやったトリックを使い、気温の低下を隠す作業を完了。ブリファのグラフを一九六〇年で切り、そのあとに温度計データをつないだんだよ。

図6・1に先立ち、同じ「接続操作」をしたグラフをマンらは一九九八年の『ネイチャー』誌に発表していた。またCRUの研究者キース・ブリファは、シベリアで採取した古木（実質三本）の年輪計測から、図6・1とそっくりなグラフを発表していた。IPCC報告書の執筆者たちが人為的CO_2脅威論を死守しようとしたありさまがよくわかる。

情報隠し

マッキンタイアのほかにも、CRUの推定気温データを疑った人がいる。その一人、オーストラリアの研究者ウォーウィック・ヒューズ氏がデータの開示請求をした際、ジョーンズはこう返信した（二〇〇五年二月二一日）。

世界気象機関が公開を勧告しようとも、君にデータは渡さない。われわれは二五年間もこの研究に投資してきた。アラ探し目的の人間にデータを見せるつもりはない。

自分の気温データにアラ（欠陥）があるとジョーンズはわかっていたのかもしれない。けれど情報隠しはＩＰＣＣの設立趣旨（透明性・公開性。一六六ページ）に反するだろう。

そのほか、編集締切が過ぎたあと仲間の論文をＩＰＣＣ報告書に突っ込む工作とか、CO_2温暖化説と合わない論文を報告書に載せない方策、学術誌で審査に当たる仲間に「異説論文」の原稿を却下させる手段の相談など、悪質なメール会議をつづけていたＩＰＣＣ関係者のふるまいが、流出メール群から浮かび上がる。わかりやすい自縄自縛の世界だといえよう。

研究界の生態学

自然現象の謎を解き、暮らしや産業に役立てるのが本義の科学研究は、二〇世紀の後半から様変わりを始めた。温暖化や気候変動の分野も例外ではない。

巨費と論文数　まず、巨費のかかる研究が増えた。化学なら、ビーカーや試験管だけですむ先端研究などありえない。数百～数千万円の測定装置は珍しくないし、ものによっては数億円、大型研究になると数十～数百億円がいる。そうした大きな研究費は通常、国（省庁）や関連機関の研究事業に応募して採択されない限り手に入らない。

応募書類は同業の研究者が審査する。審査をパスするのは、ある分野の実績で「目立つ」研究者に限られる。ＩＰＣＣ報告書の執筆者が自分の論文を引用したがるのも（一六九ページ）、とにかく目立ちたい心情からくる。メディアへの露出度も「目立ち」に手を貸す。一五年ほど前から、自分の報道記事を申請書に添付して誇る俗っぽい研究者が増えてきた。

学術の細分化が進んだいま、テーマのよほど近い人を除き、他人の研究内容をすみずみまでつかむのは不可能に近い。いきおい論文の「数」がアピールポイントとなる。むろん、有力学術誌に出した論文が多い研究者ほど評価は高い。

また最近は、若い助教を五年くらいで放り出すため、若手はひたすら「論文の数を稼ぐ」必要がある。温暖化に限らないけれど、その風潮が研究不正の温床になりやすい。二〇一四年一月に起きて高名な研究者の自殺まで誘発した理化学研究所のＳＴＡＰ細胞騒動も、二〇一七年八月に起きた東大・分子細胞生物学研究所の論文捏造も、二〇一八年一月に発覚した京大・ｉＰＳ細胞研究所の論文捏造も、そこに根をもつ。

なお昨今は、大型研究でなくても研究者がいろいろな省庁や日本学術振興会、科学技術推進機構、新エネルギー・産業技術総合開発機構などに研究費（外部資金）助成を申請するのが日常化している。米国を形だけまねる政策のひずみが噴き出したといえるのかもしれない。

流行りのテーマ　学術誌論文には「世界初」の要素が欠かせない。誰かが切り拓いた新しくて広い分野は「世界初」の宝庫だから、研究者がどっと群がる。その勢いを見た省庁が、ときに研究助成体制をつくる（お役人には「いくらお金を配ったか」が手柄になる）。

体制づくりをするのは省庁が招集した研究者集団なので、マッチポンプの世界になりやすい。目論見が外れたら、莫大な国費と時間・労力のドブ捨てに終わる。一九九六〜九八年に突発し、実質的に数年で消えたダイオキシンや「環境ホルモン」の騒ぎが好例だろう（終章）。

お役所の研究計画　パリ協定の発効をにらんだ二〇一六年九月に文科省は、「研究開発計画（環境エネルギー分野）」と題する文書を公表した。おおむね五年以内をメドとして、「新発想にもとづく低炭素化技術の研究開発」「温室効果ガス排出削減につながる研究開発」「最先端の気候変動予測・対策技術の確立」「地球環境情報プラットフォームの構築」を進めるのだという。「ホワイトバイオテクノロジー」「アウトプット指標」「アウトカム指標」「ステージゲート評価」「オープン・アンド・クローズ戦略」など、胡散臭くて軽薄な言葉が躍る。

文科省が計画した課題の一部（年額三〇億円）の説明会に大学の指示で出た知人によれば、皮切りに事業推進部長氏が「パリ協定のもと日本は二〇三〇年度までにCO_2排出量二六％減、五〇年度までに八〇％減の目標を達成しなければいけない。全力をあげて技術開発を進め、低炭素社会を実現して……」とハッパをかけたらしい。そうした発言の無意味さ（一一五ページ）に思い至らないのだろうか？

解釈のワナ　本章の冒頭に書いたとおり、成熟からほど遠い気候科学では、解釈が主体になる。つまり、手に入るデータをもとに、近未来が「危険」か「安心」かを考える。

ただし「安心」寄りの解釈は「研究する価値なし」に等価だから、論文のトーンは「危険」の側に傾き、人心を安らげるような論文は多くない。研究の目的にも結果のまとめにも、「温暖化は危険」とほのめかす（審査する側も「危険」派なので）。そんな解釈を一度でも論文に書いた人なら、活字は永久に消えないため、少なくとも現役のうちは「温暖化の危険性」を訴えつづける。定年後は縛りもなくなって、「安心」寄りの解釈に切り替える……という知人がいなくもない。

メディアの生態学

警告ふうの話が大好きなメディアは、もっぱら「危険」側の話を取り上げる。あとで「危険はない」とわかっても、叱られる恐れが少ないからだ。「安心」寄りの話を報じた場合、そうでもないとわかったとき批判を浴びる覚悟がいる。

メディアにはもう一つ、広告費がらみの自縄自縛という面もあるだろう。不動産経営などで稼ぐ会社を除き、民放ならCM収入が経営基盤のほとんどを占めると聞く。新聞社でも、私たちの購読料は配達員の給料と販売店の運営費でほぼ消えるというから、広告料収入がかなりの程度まで経営を支えている。

表 6.2　企業の年間広告費トップ 15

企業名	広告費（億円）
トヨタ自動車	4487
ソニー	3638
日産自動車	3134
イオン	1937
セブン＆アイ・ホールディングス	1603
ブリヂストン	1212
武田薬品工業	1128
マツダ	1091
パナソニック	1052
リクルートホールディングス	1041
花王	974
日本電信電話	952
三菱自動車	830
SUBARU	807
スズキ	743

［東洋経済 ONLINE、2017 年 9 月 10 日］

大企業が使う広告費はすさまじい。トップ一五社（表6・2）のうちには、「エコカー」を売りにする企業が六社あるし、「エコ家電」関係の企業も見える。エコの根元は、人為的 CO_2 脅威論だった。するとメディアも、スポンサーの機嫌を損ねないため、「CO_2 温暖化の危険性は小さい」といった意見を報じにくいのではないか？

大新聞にも民放にも、本書のトーンにうなずく記者はいるが、新聞記事やテレビ番組にしてもらえそうな雰囲気はない。民放で突き当たった壁のことは一七四ページに書いた。

ある大新聞では二〇一三年のいつか、理系出身の記者さんとの共同作業で仕上げた原稿をデスク氏がボツにした（後日、牙を抜かれた文章が系列の雑誌に載ったけれど）。

広告料収入に無縁な特殊法人のＮＨＫがCO_2脅威論の布教を好むのは、なにしろ総務省に監督されている組織として、政府の思いを付度《そんたく》するのかもしれない。また、大きな流れが一度できてしまうと、その大勢は批判しないという姿勢もうかがえる。たとえば二〇二〇年の東京オリンピックを批判する番組など、ＮＨＫはつくれないだろう。

明るいきざし

日本と違って海外には、人為的温暖化説を声高に批判する人が多い。いままで紹介したワッツ氏（三九ページ）やスペンサー博士（四六ページ）、ロンボルグ氏（一一六ページ）、マルコ教授（一一七ページ）がその例になる。また、当初は人為的温暖化説を疑いもせず受け入れながら、真相に気づいて「転向」した大物も少なくない。

米国議会上院「環境・公共事業委員会」の委員だったこともあるジャーナリスト、マーク・モラノ氏が二〇一八年二月末刊の著書 “*The Politically Incorrect Guide to Climate Change*”（仮訳：政治屋は顔をしかめる温暖化論）第９章に、そんな人々の言動を詳しく取り上げている。

世界の健全化を願う人たちのごく一部を、以下で紹介しよう。

トランプ政権

二〇一七年一月に就任したドナルド・トランプ大統領はさっそく六月、愚かしいパリ協定からの離脱を決めた。二〇一八年一月三〇日の一般（年頭）教書演説では、温暖化に一言も触れていない。大統領が一般教書演説で温暖化に触れなかったのは過去八年を通じて初となり、野党（民主党）からの質問もなかったという。

ちなみにロシアのプーチン大統領も、顧問団の入念な調査をもとに、もう二一世紀の初めごろから人為的地球温暖化説を疑っているといわれる（二〇一八年三月一三日WUWT記事）。

またトランプ大統領は、人為的温暖化説に懐疑的なスコット・プルイット氏を環境保護庁（EPA）の長官に起用した。就任から一年内にEPAの無駄な規制二二件を撤廃して一〇〇〇億円以上の歳出削減を果たした新長官が、二〇一八年二月七日にテレビ取材を受けた際、おおむねこんな発言をしている（二〇一八年二月『デイリー・シグナル』ウェブ記事）。

多少の温暖化は、いいことですよ。かつて文明が栄えたのも温暖な時代でした。……いま地球の気温は少しずつ上がっていますが、人間活動の影響はごくわずかでしょう。また、私たちにとって最適な気温が何℃なのか、どの研究者に訊いても明快な答えはありませんね。

超大物の物理学者

米国プリンストン高等研究所の物理学者、「アインシュタインの後継者」と評されるフリーマン・ダイソン博士は、左翼系人間として民主党支持を貫きながらも、オバマ政権の温暖化政策だけは手厳しく批判した。二〇一五年にはウェブサイト『レジスター』の取材に応え、次のような発言をしている。

環境汚染なら打つ手はあります。かたや温暖化はまったくの別物。……CO_2が何をするのかつかめたと研究者はいいますが、とうていその段階にはなっていません。そもそも、植物の生育を助けて地球の緑化を進め、人類社会をも豊かにするCO_2を減らそうというのは、正気の沙汰ではないでしょう。気候を理解したというのは、気候学者の思い上がりにすぎません。彼らが頼るコンピュータシミュレーションなど、変数をいじればどんな結果でも出せる代物ですからね。……私自身、科学の話ならたいてい多数意見に従いますが、ただ一つ、気候変動の話は違います。科学の目で見るとナンセンスそのものですから。

フランスの教育大臣

フランスの名高い地球化学者クロード・アレグル氏は、二〇世紀末の四年間にジョスパン政権の教育大臣も務めた。一九九二年ごろは温暖化の危機を警告していた彼が、やがて見解を正反対に変え、たとえば二〇一一年のテレビ取材でこう発言している。

温暖化ヒステリーの根源はお金です。……ゴアの『不都合な真実』は、政治の小道具にすぎません。なにしろ、人間活動が地球を暖めた証拠など何一つありませんからね。

ガイア博士　地球の環境を「地圏・水圏・気圏と生物界が働き合う生命体」とみなす「ガイア仮説」は、英国出身の化学者ジェームズ・ラブロック博士が一九六〇年代に唱えた（ガイアはギリシャ神話に登場する地母神）。一九八〇年代の末に始まった地球温暖化ホラー話を彼はまず額面どおりに受け入れ、二〇〇六年一月（八八歳）の時点でもこんなことをいっていた（『インディペンデント』紙への寄稿）。

地球温暖化が進むと、二〇四〇年までに六〇億人以上が洪水や干ばつ、飢饉で命を落とすだろう。二一〇〇年までには世界人口の八〇％が死に、この気候変動は今後一〇万年ほどつづくに違いない。

だが二〇一〇年ごろにラブロックは目覚めたらしく、二〇一六年九月三〇日の『ガーディアン』紙に彼のこういう発言が載っている。

地球の気候は複雑すぎます。五年先や一〇年先のことを予測しようとする人は馬鹿ですね。……私も少しは成長しました。……温暖化対策を含めた環境運動は、新興宗教としか思えません。なにせ非科学のきわみですから。

ノーベル賞学者　トンネル効果の理論で一九七三年に江崎玲於奈氏とノーベル物理学賞を分け合ったアイヴァー・ジェーバー博士は、オバマ政権の科学顧問だった二〇〇八年当時、政権の温暖化政策を無批判に支持していた。だが政権末期の二〇一五年になると意見を変え、「閣下は完璧に誤っています」という趣旨のオバマ大統領宛て共同書簡に署名している。また、同年にドイツ・リンダウで開かれたノーベル賞受賞者の会では、居並ぶ六五名の大物研究者に向かい、こんな調子の講演をした（ジェーバーはノルウェー出身）。

温暖化は何一つ問題ではありません。……「子孫にとって温暖化ほど重大な問題はない」というオバマ発言は、まったくのところ妄言ですね。知性あるオバマ氏自身の発言というよりも、周囲がそういわせたんでしょう。地球温暖化は宗教のようなものです。ＩＰＣＣとアル・ゴアに二〇〇七年のノーベル平和賞を与えたノルウェー政府には、心底から恥じ入るばかりですよ。

温暖化と聞いてふつうの人は「四～五℃上昇」をイメージするようですが、実のところは、体感もできない〇・八℃程度なんですね……というジェーバー発言も名高い。

もと環境活動家　反核や反捕鯨から出発し、やがて人為的CO_2温暖化への警告もするようになった環境活動団体グリーンピース（一九七一年〜）の共同設立者に、カナダの生態学者パトリック・ムーア博士がいる。その彼が、仲間の「非科学的な議論」に嫌気がさして一九八六年にグリーンピースを離れ、CO_2のプラス面を訴えるなど「科学的な環境活動」を始めた。二〇一四年二月には米国議会上院の公聴会で証言し、人為的CO_2脅威論にきっぱりと異を唱えている。

真実を知って転向した人はほかにも多く、モラノ氏の本によれば科学者だけでも数百名いる。たとえばジョージア工科大学の女性気候学者ジュディス・カリー博士は、二〇〇九年秋のクライメートゲート事件（一七七ページ）に接してたちまち人為的温暖化説の非を悟り、開設したブログ上で、ＩＰＣＣの解体を訴えるなど活発な発言をつづけている。

日本の先覚者　京都議定書の発効さえ未決だった二〇〇二年、社会学者の薬師院仁志氏が『地球温暖化論への挑戦』を出版する。未熟なコンピュータ予測に頼るＩＰＣＣ温暖化危機説は科学的証拠の裏打ちに欠ける――という実態を明るみに出した本だ。ＩＰＣＣ説を疑った識者は二〇〇二年以前にも何名かいるが、同書ほど明快に検証した本はない。なにしろ全巻三三〇ページ強のうち二八〇ページ近くまでを、ＩＰＣＣ説と科学知見の突き合わせに費やしている。

巻末近くの一節（左記）が、いまの世相にもそのまま当てはまるのには驚く。つまり、こと温暖化の話になると、ＩＰＣＣ・メディア・国民の姿勢は一六年間ほとんど変わらなかったのだ（なお気候科学のほうにも見るべき進展はない)。

ＩＰＣＣブランドと、それを宣伝するマスコミによってお墨付きを与えられたこともあってか、人々はまるで最新の流行のように……人類に迫った未曽有の危機を、否定するでもなく、顔面蒼白になって受け入れるのでもなく、非常に軽い感覚で受け入れている……

温暖化論に違和感を覚えつつも当時は本質がまだ見抜けていなかった私自身、同書から教わったものは多い。そんな知人が何人もいる。ともあれ薬師院氏は間違いなく、氏の言葉で「信仰の域をほとんど出ていない」ＩＰＣＣ温暖化説に盲従しない日本人を増やしただろう。

日本の気候研究者　六三ページで紹介した中村元隆氏は、気候科学に興味を引かれた一九八〇年代の後半は、CO_2温暖化説を「基本的に受け入れていた」という。しかし大学院を経て研究の道に進み、気候システムの理解を深めるにつれ、「大気中のCO_2増加が危機的な地球温暖化を引き起こすという仮説に対する疑念が強くなった」。

同氏は『正論』二〇一八年二月号への寄稿（「地球温暖化」説が怪しいこれだけの理由）に、衛星観測（図２・９）以前つまり一九七八年より古い地上気温データの信頼性が低いこと、気候予測モデルは欠陥だらけなのに「私利私欲か、個人的感情か、知能不足か、勉強不足」で温暖化説を信じる人々が多いこと、「職業科学者集団が、自らの利権を守るために結束」していることなどを、わかりやすく述べている。
末尾近くには、どうやら氏の言動を嫌った環境省による介入が氏の契約更改（二〇一四年四月）をつぶした経緯も披露される。産経新聞・長辻象平氏（五四ページ）の取材を受けた際の発言が同紙に載って、環境省の機嫌を損ねたもよう。共産国なら珍しくもない言論統制に思えて読みながら落ち込むけれど、役所の姿勢も世に伝わったのは喜ばしい。

目覚める市民　京都議定書が発効した二〇〇六年から一〇年のうち、温暖化を問題視する人はどんどん減ってきた。二〇一六年のギャラップ世論調査で、「環境」を最重要問題とみた米国国民は三％しかいない。同年にシンクタンクのピュー研究所がした調査だと、「ほぼ全部の研究者が人為的温暖化説を信じている」と思う米国民は二七％だった。エネルギー政策研究所の調査によれば、「温暖化対策費など、たとえ月に一ドルでも払いたくない」と答えた人が四三％もいる。また、二〇一七年にブルームバーグ社がやった意識調査では、地球温暖化を最重要問題とみる米国民は一〇％しかおらず、テロと雇用、税金の三つが関心の上位を占めたという。
そうした現状を国内メディアも取り上げれば、莫大な資源を温暖化対策にドブ捨てせず、医療や福祉、教育、防災など大事な用途に回そうという機運も高まる……のではないか？

終章　環狂時代――善意の暴走

「あんた、私らは間違っていたと思うかい?」「――いえ」否定するしかなかった。「時代が違ったんですよ。あの頃は誰も、積極的に文句は言わなかった――言えなかった」

堂場瞬一『誤断』

環境省の守備範囲には、温暖化や「酸性雨」「リサイクル」など地球・地域環境のほか、厚労省に任せてよさそうな健康リスクもある。ダイオキシンや「環境ホルモン」などの環境問題も、たいていは温暖化と同じく一九八〇年代以降に突発し、やはり温暖化と同様、ほとんど意味のない「対策」に莫大な資源（お金・時間・労力・地下資源）を浪費させてきた。どれも狂乱めいた話だったから、環境問題よりは「環狂」問題とよぶのがふさわしい。

話の芽生えが一九八〇年代以降だった理由の考察はあとに回し、まずはつい最近の大騒ぎ二つを振り返ってみよう。どちらも「狂乱」時代の記憶を引きずっている。

豊洲の「ベンゼン一〇〇倍」騒ぎ

迷走続き　築地市場の豊洲移転は石原都政が二〇〇一年に決め、〇四年七月に基本計画ができて工事が始まり、一六年一一月には移転を終えるはずだった。だが同年八月に就任した小池都知事が、八月三一日に移転の延期を発表する。ゴタゴタを経て二〇一七年の一二月二〇日、東京都は当初予定から二年遅れの一八年一〇月一一日を移転日と決めて現在に至る。

移転計画を迷走させた地雷の一つは、豊洲の地下水分析（二〇一七年一月、四月、八月）で検出された「基準値のほぼ一〇〇倍」のベンゼンだった。時間と労力の空費がつづき、数億円どころではない余計な都税も使われている。だが「一〇〇倍」は、騒ぐような数字ではなかった。

基準値の素顔　ベンゼンの基準値とは、ネズミの発がん試験やヒトの疫学調査などから世界保健機関（WHO）がごく大ざっぱに決めた「水一リットル中に〇・〇一ミリグラム」をいう。その水を一日に二リットルずつ飲み、ベンゼンを〇・〇二ミリグラムずつ体に入れつづけたとき、生涯の発がん率が〇・〇〇一％になる。基準値の一〇〇倍なら、生涯の発がん率は〇・一％だ。

豊洲の地下水を一日に二リットルずつ「飲む」人はいないし、地上の店舗にも作業にも地下水は使わない。空気中に出てくる超微量のベンゼンを吸う程度だろうから、その発がんリスクは〇・一

%より何桁も小さく、〇・〇〇一%以下だろう。心配なレベルではない。

何百倍も怖い酒

ネズミを使うアルコール（エタノール）の発がん試験もある。試験のデータからベンゼンとまったく同じ手順で「基準値」を決めれば、体重七〇キログラムの人が一日に飲んでよい日本酒はわずか〇・〇八ミリリットル（一滴と少々）になる。それが「科学データから決まる日本酒の基準値」を表し、基準値の一〇〇倍は、一日あたり日本酒〇・〇四合に等しい。

医療団体などの公開データを当たってみると、日本酒換算で一日に一～三合を飲む人は一〇〇〇万人ほどいる（ちなみに私はここ三〇年ほど夜な夜な二～三合を飲む）。すると一〇〇〇万の国民は、日々エタノールを「基準値の二〇〇〇～七〇〇〇倍」も摂っている。基準値の三〇〇〇倍（週に一合）以上の人なら五〇〇〇万を超すだろう。しかも、誰も飲まない豊洲の地下水とちがって、エタノールはそのまま体に入れるのだ。

わかりやすいエタノール（酒）を引き合いにして基準値の意味を行政が語り、それをメディアが国民に伝えれば、たぶん無用な騒ぎは起きず、豊洲移転も予定どおりにすんでいた。

行政の「安全・安心」

ベンゼンや残留農薬ならパニックが起きるのに、酒の基準値オーバーを行政が取り締まった例はない。なぜ酒は野放しなのか？

ベンゼンや残留農薬と同じ「科学の手順」でエタノールを規制すれば、禁酒国になってしまう。

酒類のメーカーはみなつぶれ、ススキノや歌舞伎町、中洲《なかす》の灯も消える。瓶や缶のメーカーも打撃を受けて数百万人が失業するほか、約一・三兆円の酒税歳入も消える。つまり行政は、科学ではなく社会経済面を考えて、エタノールを野放しにする。行政も、基準値の数十倍や数百倍なら安全だと知っている（少なくとも、うすうす気づいている）からだろう。

基準値が厳しいほど、それを守る限り事故は起きないため、「行政の安全・安心」につながる。むろん国民の安全・安心は、ベンゼンだろうと酒だろうと、基準値の数百倍でも問題なく守られている。

福島の受難

東日本大震災から七年を経た福島では、除染の問題（莫大な労力・経費・処分場）と、農産物や魚介類を思いどおりに売れないなど、不条理な状況がまだつづく。海に近い農村で育った私は、福島の農家と漁業者に心から同情する。惨状の背後には、日本だけの異様な放射能基準値があった。

人体は天然の放射線源　放射能の話では、「ふつうの食品は放射能ゼロ。その清浄な世界を原発事故が汚した」と思っている人もいるだろう。だがそれは正しくない。以下ではまず、ベクレル（Bq）単位の放射能を考える。ベクレルは「一秒間に出る放射線の数＝線源の強さ」を表し、周波数でおなじみの「ヘルツ」と同じ意味合いをもつ。

人体をつくる天然元素のうち、おもに炭素14とカリウム40の原子が放射線を出しつづける。体内の原子数から計算すると、体重六〇キログラムの人で炭素14が三〇〇〇ベクレル、カリウム40が三五〇〇ベクレルの放射能を出す。以上二つを両横綱として幕下クラスのルビジウム87（約五〇〇ベクレル）も足せば、六〇キログラムの人体は約七〇〇〇ベクレル（体重一キログラムあたり約一一〇ベクレル）の「天然放射線源」だとわかる。

むろん人体のほか身近な動植物も、食品（殺した動植物の組織）のほとんども、一キログラムあたり一一〇ベクレルの天然放射能を出している。原発事故が生んだセシウム137の放射能は、七〇〇ベクレルの天然放射能に加わるだけだ。「セシウムだから危険」という側面もない。

たとえばセシウムの基準値（一〇〇ベクレル／キログラム。次項）すれすれの食品二〇〇グラムを食べたとしよう。食べた瞬間に、人体の放射能が七〇〇〇ベクレルから七〇二〇ベクレルになるだけのこと。その「汚染食品」を日に二〇〇グラムずつ食べつづけたとしても、体内の半減期（七〇日）を使う計算でわかる定常値八〇〇〇ベクレルが、重大な害を生むはずはない。

異様に低い日本の基準値　厚労省が二〇一二年四月に発表したセシウム137の新基準値は、一キログラムあたり一般食品が一〇〇ベクレル、牛乳が五〇ベクレル、飲み水が一〇ベクレルと、それまでの五～二〇分の一に下げたものだった。米国やＥＵ、国連の食糧農業機関・ＷＨＯ合同委員会の値（たとえば「一般食品」一二〇〇ベクレル）と比べ、なんと一～二桁も小さい。

日本も海外と同じにしていれば、寿命の短い放射性原子（セシウム134など）が激減した二〇一三年以降、農産物も魚介類もいっさい問題なく市場に出せた。

線源の強さ（ベクレル）ではなく、放射エネルギーと人体影響も考えた「線量当量」はどうか。ふつう線量当量は「年間のミリシーベルト（mSv）値」で表すけれど、簡単のため以下、「一年あたり」の付記は省く。まず体内の天然線源、つまり炭素14とカリウム40の「減らしようのない内部被曝」は、体重六〇キログラムの人で〇・五ミリシーベルトに近い。

内部被曝だけではない。木製の机や床や柱も、紙や書籍も主体は炭素化合物だから、暮らしの中で私たちは炭素14からの天然放射線を浴びている。かたやカリウム40は岩や土壌が必ず含むため、石材やコンクリートや地面も放射線を出す。特殊な場所に住む人は、地下から出てきた放射性のラドンを吸う。以上を合わせた自然被曝は、住環境に応じて二～一〇ミリシーベルトにのぼる。

いま除染の長期目標値には「一ミリシーベルト」（一時間あたりなら〇・二三マイクロシーベルト。マイクロは百万分の一）が使われ、日本学術会議の大西隆会長も二〇一六年三月三日に「一ミリシーベルトを守るべき」と発言した。だが前記のことを考えれば、一ミリシーベルトはあまりにも低い。かりに帰還の目安（二〇ミリシーベルト）と同じにしていたら、除染作業も、福島だけで五兆円といわれる除染経費も、廃棄物の処分量も、桁違いに少なくてすんだだろう。

国連の姿勢　国連の「原子放射線に関する科学委員会」は二〇一二年一二月、①一〇〇ミリシーベルト未満なら、発がん率増加などの害は検出しにくい、②世界には自然被曝だけで一〇〇ミリシーベルトに届く地域もある——を骨子とする報告書をまとめ、それが国連総会で承認された。

一〇〇ミリシーベルトは自然被曝の一〇～五〇倍だから、受け入れたくない人も多かろう。ただし繰り返すと、人体そのものが生む内部被曝（約〇・五ミリシーベルト）に近い一ミリシーベルトは、どうみても低すぎる。産経新聞も二〇一八年二月一三日の一面コラムで、ほぼ同様の疑問を投げかけていた。

時代の空気

環境問題のうち「酸性雨」だけは、一九六〇年代の末に話が始まって七〇～八〇年代に騒がれた。小中高校の教科書にまだ載るけれど、一過性の特殊な状況だったとわかって約二〇年前から報道もない。ほかの狂乱あれこれは一九八〇年代以降に突発したが、ダイオキシンも「環境ホルモン」もだいぶ前から報道はなく、もはや何のことか知らない大学生も多い。

なおダイオキシンと「環境ホルモン」は、日ごろ食品から摂る量が一〇〇〇倍になっても実害はない物質だった。ただし、ダイオキシンの発生源を「塩ビの燃焼」とみる人がいたせいで、塩ビ以外の素材に「燃やしてもダイオキシンが出ません」という愚かな表示をする業界はまだ残る。

一九八〇年代とは、いったいどんな時代だったのか？

本気の時代　一九六〇年代の末ごろ、先進国で都市の水質や大気は最悪だった。経済成長に忙しく、水や大気の汚染を防ぐ余裕などなかったのだ。私が大学に入った一九六六年、東京にすっきり晴れた青空はめったになくて、多摩川も神田川もドブ川だった。

一九六〇年代の末から七〇年代の初め、ようやく「自分たちは環境を汚している」と意識するようになる。先進諸国に汚染対策官庁ができ（日本の環境庁は一九七一年に発足）、以後のほぼ一五年、汚染の監視と対策を進めた結果、一九八五年ごろには水も空気もきれいになった。

失業の危機　環境の浄化を進めた一九七〇～八五年の約一五年間、省庁にも企業にも環境対応部署ができ、大学には環境研究者が増殖した。環境がきれいになると、そんな人たちの仕事がなくなってしまう。そこで関係者の多くは「次の仕事」を見つけなければいけなくなった。

絶妙なタイミングで一九八八年、NASAのハンセンが「CO_2温暖化の危機」を叫び、ほどなくIPCCも生まれる（一六三ページ）。やがて日本政府は科学技術政策の「重点推進四分野」に、ライフサイエンス、情報通信、ナノテクノロジーと並べて「環境」を入れ、学部名や学科名に「環境」をつける大学が増えた。そんな流れの中、温暖化の対策や研究を産・官・学が大きな仕事にして現在に至る。いま日本の研究者は、「温暖化」というキーワードを使えば、年に合計数千億円という研究予算のおこぼれにあずかれる……かもしれない。

一九九〇年代のいつか、環境研究所の元幹部（故人）から聞いた次の言葉が、関係者の「喜び」をよく伝えるだろう。「ハンセン発言は嬉しかったね。なにせ干上がる寸前だったから」

環狂の源流

大げさな騒ぎが起きやすく、資源の浪費を通じてむしろ環境を傷める「環狂」の世は、いったいどんなふうにして生まれたのだろう？

温暖化を騒ぐ人々は、太古からの自然変動には目をつぶり、おもに戦後の人間活動が出すCO_2を悪の権化とみる。ダイオキシンや「環境ホルモン」は、合成物質だからと恐れられた。そこに答えのヒントがひそむ。つまり「自然はよくて人工は悪い」という妙な感性が根元にあった。

人口増加への懸念

世界人口が急増を始めた一九六〇〜七〇年代、このままいくと食糧も資源も底を突く――と思う人たちがいた。たとえば米国スタンフォード大学の生物学者ポール・エーリックが一九六八年の本『人口爆弾』に、「八〇年には数億人が餓死する」と書く。一九七二年には、マサチューセッツ工科大学の環境学者デニス・メドウズがローマクラブ編『成長の限界』に、銅の資源は九三年までもたないとか、世界人口は二〇〇〇年に七〇億まで届くとか書いた。わずか数十年先を見通せなかった二人の予言は、ほぼ全部が大外れしている。

一九六〇～七〇年代には、世界自然保護基金（一九六一年）やグリーンピース（七一年。一九〇ページ）、ワールドウォッチ研究所（七四年）などができ、人間の営み＝悪とみる人を増やしていく。やがてノルウェーの左翼系元首相グロ・ブルントラント女史を委員長とする国連委員会の報告書『地球の未来を守るために』（邦訳一九八七年）が、耳あたりはよくても空疎な用語「持続可能な開発」を世に広めかけたころ、国連発の人為的CO_2温暖化説が芽吹いた（表6・1）。

イタリアの政治学者リッカルド・カショーリらの『環境活動家のウソ八百』（邦訳二〇〇八年）によれば、人口増加を悪とみる発想は、二〇世紀初頭に芽生えてナチズムにもつながった優生学と人口抑制策に源をたどれる。そのさらに根元は、人口増加を悲観視するトマス・マルサスの『人口論』（一八二六年）だった。一八六六年に「エコロジー」という用語をつくるドイツのヘッケル（二二一ページ）も、マルサスに心酔した人種差別主義者だったといわれる。

カショーリらの表現で「人間が自分自身を憎む時代」はそんなふうにして生まれ、いつの世も未来を暗くみる人間の本性と響き合った結果、自らの蛮行から自然を守ろうとする宗教じみた「環境主義」が、一九六〇～七〇年代に確立したとおぼしい。

一見うるわしい発想だけれど、「省エネでCO_2排出を減らす」（二〇六ページ）と同様、木を見て森を見ない近視眼的な営みは、かえって地球や社会を傷めつける。先ほどの基準値でも、まったく安全なレベルをゼロに近づけようとする行いが、お金や時間・労力のドブ捨てにつながった。

人工物への嫌悪感　化学者という人間集団の活動は、天然にない物質を生む。そうした合成物質を、当然ながら環境（環狂）主義者は悪とみる。たとえば米国の生物学者レイチェル・カーソンが、一九六二年の本『沈黙の春』で合成殺虫剤のＤＤＴを攻撃した。蚊など昆虫には猛毒でもヒトへの悪影響は無視してよい物質なのに、彼女の筆が「ヒトにもあぶない」と匂わせていたため、環境活動団体が激しいＤＤＴ反対運動を起こす。

反対運動にひるむ諸国がＤＤＴの製造・販売を禁じたせいで、いっとき激減していたマラリアの死者数が元に戻り、二〇一五年の死者は数十万人を数える（ＷＨＯ推定）。年間のマラリア発症者が約二〇〇万もいたセイロン（現スリランカ）は、一九四八年から十数年間のＤＤＴ散布でマラリアをほぼ根絶した。だが反対運動のため一九六四年に散布をやめた結果、五年後の発症者が一〇〇万台に戻っている。だからいま『沈黙の春』を「悪魔の書」と評する人も少なくない。

同類に、米国の女性活動家シーア・コルボーンの『奪われし未来』（一九九六年）がある。同書を誤読した研究者とメディア人が一九九八〜二〇〇五年の日本に「環境ホルモン」騒ぎを起こし、省庁の助成金に研究者が群がったものの、暮らしを脅かす証拠は見つかっていない。むろん「環境ホルモン」と呼ばれる物質もほとんどが合成物だった。

本章の冒頭で触れたベンゼンも、「人工物なので怖い」と思うのか、環境主義に染まったリスク研究者が異様に小さい基準値（安全なレベルをさらに一〇〇や一〇〇〇で割った値）を決める。かたや天然物のエタノールは基準値など気にしない。

だが暮らしのなかでは、人工物より天然物のほうがずっとあぶない。食中毒のほぼ全部は、天然物（植物や微生物が身を守るのに使う「化学兵器」）が起こす。私が夜な夜な飲む日本酒二～三合のエタノールは、わずか五～七倍で成人の致死量に届く。また、温泉の独特な香りを生む天然物の硫化水素は、一〇倍の濃度で命にかかわる（二〇一八年二月にも有馬温泉で死亡事故が発生）。大震災のとき「人災」が大気に放出させたセシウムの放射能を怖がり、体そのものが出す天然放射能は気にしないのも、「人間活動は悪」とみるからだろう。

化学肥料や農薬を毛嫌いし、有機農法を称える風潮も同類だ。けれど有機農法が大幅に普及したら、作物の収量が激減して餓死者が続出しよう。有機肥料が食中毒の原因になりやすく、合成農薬が作物自身の「化学兵器」を減らしていることも忘れてはいけない。

空回りする善意　地球の未来を守りたい人も、合成物質の基準値を下げたい人も、気温データの加工（四〇ページ）に励む人も、大半は使命感に突き動かされた善意の人々だと思う。けれど因果の糸が複雑にからみ合う環境問題では往々にして、そんな善意が空回りしてきた。

全体への目配りが足りない発言や行動は、貴重なお金と時間・労力・地下資源を浪費させる。とりわけ、あやふやな部分だらけの話を純真な児童生徒に押しつける「環境教育」は、国の未来を暗くする。大学や官庁、メディアで環境にかかわる方々は、それをよく心していただきたい。

略語表

略　語	原　語	日本語訳
AMO	Atlantic multi-decadal oscillation	大西洋の数十年規模振動
CCS	carbon dioxide capture and sequestration	二酸化炭素の回収・隔離
CET	central England temperature	中部イングランドの気温
COP	conference of the parties	(国連気候変動枠組条約の)締約国会議
CRU	Climatic Research Unit	(英国気象庁)気候研究ユニット
EPA	Environmental Protection Agency	(米国) 環境保護庁
GHCN	Global Historical Climatology Network	全球気候史ネットワーク
GISS	Goddard Institute for Space Studies	(米国) NASA のゴダード宇宙科学研究所
IPCC	Intergovernmental Panel on Climate Change	(国連) 気候変動に関する政府間パネル
LED	light-emitting diode	発光ダイオード
NASA	National Aeronautics and Space Administration	(米国) 航空宇宙局
NCDC	National Climatic Data Center	(米国) 気候データセンター
NOAA	National Oceanic and Atmospheric Administration	米国・海洋大気庁
PDO	Pacific decadal oscillation	太平洋の10年規模振動
SPM	summary for policymakers	(IPCC 報告書) 政策決定者向けの要約
UAH	University of Alabama in Huntsville	アラバマ大学ハンツビル校
USHCN	United States Historical Climatology Network	米国気候史ネットワーク
USCRN	United States Climate Reference Network	米国気候基準ネットワーク
WHO	World Health Organization	世界保健機関
WUWT	Watts Up With That?	アンソニー・ワッツ運営のブログサイト

参考図書

・薬師院仁志『地球温暖化論への挑戦』八千代出版（2002）.
・山形浩生 訳『環境危機をあおってはいけない』文藝春秋（2003）.
・草皆伸子 訳『環境活動家のウソ八百』洋泉社（2008）.
・桜井邦明『眠りにつく太陽—地球は寒冷化する』祥伝社（2010）.
・広瀬 隆『二酸化炭素温暖化説の崩壊』集英社（2010）.
・田家 康『気候文明史』日本経済新聞出版社（2010）.
・渡辺 正 訳『地球温暖化スキャンダル—2009年秋クライメートゲート事件の激震』日本評論社（2010）.
・渡辺 正『「地球温暖化」神話—終わりの始まり』丸善出版（2012）.
・深井 有『地球はもう温暖化していない—科学と政治の大転換へ』平凡社（2015）.
・桜井邦朋 訳『ホッケースティック幻想—「地球温暖化説」への異論』第三書館（2016）.

未邦訳の英書

・J. Delingpole, *The Little Green Book of Eco-Fascism*, Regnery（2013）.
・T. Ball, *The Deliberate Corruption of Climate Science*, Stairway Press（2014）.
・J. Marohasy, Ed., *Climate Change—The Facts 2017*, Connor Court Publ.（2017）.
・M. Morano, *The Politically Incorrect Guide to Climate Change*, Regnery（2018）.

索　引

欧　文

和　文

著者紹介
渡辺　正（わたなべ　ただし）
1948 年鳥取県生まれ。1976 年東京大学大学院博士課程修了，工学博士。
東京大学名誉教授。
専攻分野：電気化学，生体機能化学，環境科学，科学教育など。
おもな著訳書：
『基礎化学コース 電気化学』編著，丸善（2001）.
『高校で教わりたかった化学』共著，日本評論社（2008）.
『アトキンス　一般化学（上・下）』訳，東京化学同人（2015）.
『教養の化学―暮らしのサイエンス』訳，東京化学同人（2019）.
『「地球温暖化」の不都合な真実』訳，日本評論社（2019）.
『交響曲第 6 番「炭素物語」』訳，化学同人（2020）.
『フォン・ノイマンの生涯』共訳，ちくま学芸文庫（2021）.
『元素創造―93～118 元素をつくった科学者たち』訳，白揚社（2021）.
ほか約 180 点

「地球温暖化」狂騒曲―社会を壊す空騒ぎ

平成 30 年 6 月 25 日　発　　行
令和 3 年 11 月 30 日　第 7 刷発行

著作者　渡　辺　　正

発行者　池　田　和　博

発行所　丸善出版株式会社
〒101-0051 東京都千代田区神田神保町二丁目17番
編集：電話(03)3512-3261／FAX (03)3512-3272
営業：電話(03)3512-3256／FAX (03)3512-3270
https://www.maruzen-publishing.co.jp

組版印刷・精文堂印刷株式会社／製本・株式会社 松岳社

ISBN 978-4-621-30304-7　C 0040　Printed in Japan